最初からそう教えてくれればいいのに！

図解! JavaScriptの

ツボとコツがゼッタイにわかる本
「プログラミング実践編」

中田 亨 著

秀和システム

ダウンロードファイルについて

　本書での学習を始める前にサンプルファイル一式を、秀和システムのホームページから本書のサポートページへ移動し、ダウンロードしておいてください。ダウンロードファイルの内容は同梱の「はじめにお読みください.txt」に記載しております。

秀和システムのホームページ

ホームページから本書のサポートページへ移動して、ダウンロードしてください。
URL　https://www.shuwasystem.co.jp/

はじめに

　この本は、有名なカードゲーム「ポーカー」の作成を通して、複数のモジュールで構成されるプログラムをJavaScriptで「組み立てる力」を学ぶ本です。本書は「変数・関数・条件分岐・繰り返し・イベント」などといったJavaScriptの基本を知っている方を対象としていますが、より複雑で高度なプログラムを作れるようになるためには、「オブジェクト・クラス・モジュール・ライブラリ」の概念と用法を理解し、目的に合わせた適切な組み合わせ方（設計）を自分で考える力を身に付けることが欠かせません。また、初心者を抜け出してステップアップするには、JavaScriptをよりシンプルかつ効率的に記述できるES6の構文についても馴染んでおくことが重要です。

　そこで本書は全8章のうち1〜6章でクラスやES6を中心とした文法の解説を行い、7〜8章でそれらを最大限に利用してポーカーの作成を行います。

● 必要な知識

　HTML、CSS、JavaScriptの基本的な知識があり、文法についてはネットなどで調べながら自分で解決できる方を想定しています。少し自信がない方は、本書のシリーズ本である「図解！JavaScriptのツボとコツがゼッタイにわかる本　"超"入門編」と「図解！　HTML&CSSのツボとコツがゼッタイにわかる本」で学んでいただくと、必要な前提知識が身に付きます。

● どんな人におすすめ？

・プログラミングの初心者。
・JavaScriptで何かアプリケーションを作れるようになりたい方。
・他の本で独学したけれどつまずいてしまった方。
・自分のペースで楽しく学習したい方。
・ゆくゆくはJavaScript以外の言語も学びたい方。

● 本書の構成
全章を通じてわかりやすい図解を取り入れています。

前半は文法を学んでいきます。
Chapter01…プログラミングの環境設定
Chapter02…オブジェクトの作り方
Chapter03…クラスの作り方
Chapter04…制御構文を学ぼう
Chapter05…モジュール化
Chapter06…ライブラリの作り方

後半はブラウザで動くゲームを作っていきます。
Chapter07…ポーカーゲームのプログラム設計
Chapter08…ポーカーゲームのプログラム実装

● 本書の構成

本書で解説するプログラムは以下の環境で動作を確認しています。

・Windows 11 / Chrome 103.0.5060.134（Official Build）（64ビット）
・iOS 15.6 / Safari 15.6

本書によってJavaScriptの魅力とプログラミングの楽しさが少しでも伝わり、学習のお役に立てれば幸いです。

中田　亨

本書の使い方

　本書で作成するブラウザゲーム「ポーカー」のプログラムは、秀和システムのサポートページからダウンロードできます。Chapter01で環境設定を終えたら完成版を動かしてみましょう。開発用のプログラムはChapter08で使います。解説に沿ってコードを追加して、アプリケーションの開発を体験してください。

● 秀和システムのホームページ
　ホームページからサポートページへ移動して、ダウンロードしてください。

【URL】
https://www.shuwasystem.co.jp/

[ご注意ください]
同じシリーズの「"超"入門編」とお間違えのないよう、「プログラミング実践編」のサポートページからダウンロードしてください。

● ダウンロード可能なファイルの一覧

・sample\chapter03…Chapter03のドラゴン討伐ゲームです。
・sample\chapter05…Chapter05のドラゴン討伐ゲームです。
・sample\develop　…Chapter08の開発用プログラムです。
・sample\release　…Chapter08の完成版プログラムです。

※サンプルの取り扱いに関しては、ダウンロードデータに含まれる「はじめにお読みください.txt」を参照してください。

プログラミングの 環境設定

<table>
<tr><td>Chapter</td><td rowspan="2">オブジェクトの
作り方</td></tr>
<tr><td>02</td></tr>
</table>

Chapter
02
オブジェクトの
作り方

クラスの作り方

Chapter
04
制御構文を学ぼう

モジュール化

ライブラリの作り方

Chapter 06

ポーカーゲームの
プログラム設計

Chapter 08 ポーカーゲームの プログラム実装

Chapter

01

↓

プログラミングの

環境設定

Visual Studio Codeとは?

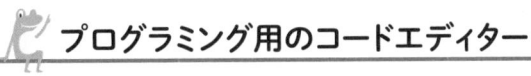 プログラミング用のコードエディター

　Visual Studio Code（通称VS Code）は、米マイクロソフト社が開発・公開しているプログラミング用のコードエディターです。ソースコードの検索・置換といった基本的な機能に加えて、言語に応じたキーワードの色分けやコード補完機能（インテリセンス）など、開発に便利なさまざまな支援機能を備えています。

　また、オープンソースなので誰でも無償で利用することができ、同社やサードパーティーが開発した拡張機能を追加することで自分好みの開発環境を整えることができます。

　VS Codeをインストールしたばかりの状態は英語の画面ですが、拡張機能を追加すれば簡単に日本語化できるので安心してください。

入れておきたい拡張機能

パッケージ名	機能
Japanese Language Pack for Visual Studio Code	VS Codeの画面を日本語化する
Prettier - Code formatter	文法に合わせてコードを自動的に整える
indent-rainbow	コードのインデントを虹色にして見やすくする
zenkaku	全角スペースハイライトして見やすくする
Code Spell Checker	リアルタイムにコードのスペルミスをチェックする
Auto Rename Tag	HTMLタグの名前を編集したとき終了タグの名前も自動的に変更する

VS Code のココが便利

　標準機能の設定変更や拡張機能の導入・設定を行うと、プログラミングの効率アップに役立ちます。

高度なコード補完機能（インテリセンス）

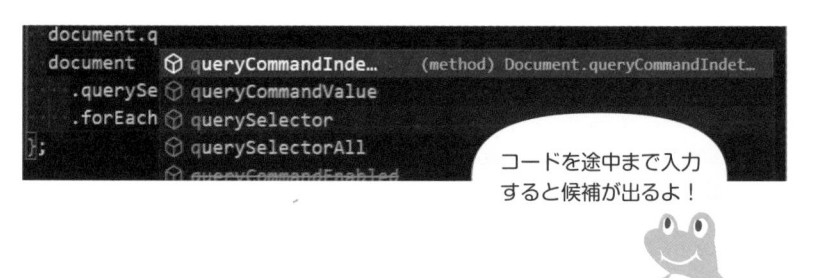

コードを途中まで入力
すると候補が出るよ！

コードの記述をサポートする機能

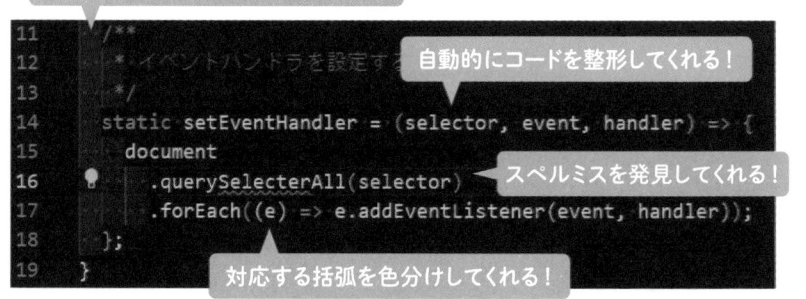

書き間違いや見間違
いの防止に役立つ♪

Visual Studio Code の インストールと初期設定

🐸 Visual Studio Code の入手とインストール

VS Code のパッケージをダウンロードして、PC にインストールを行います。

● 【STEP1】Visual Studio Code のダウンロード
公式サイト（https://code.visualstudio.com/）を開きます。

Visual Studio Code の公式サイト

パソコンの OS にあったパッケージの安定版（Stable）を選択してインストーラーをダウンロードします。

●【STEP2】Visual Studio Codeのインストール

　保存したexeファイルを実行するとインストーラーが起動し、使用許諾の画面が表示されます。「同意する」にチェックをつけて「次へ(N)」をクリックします。

<u>インストーラーの起動画面</u>

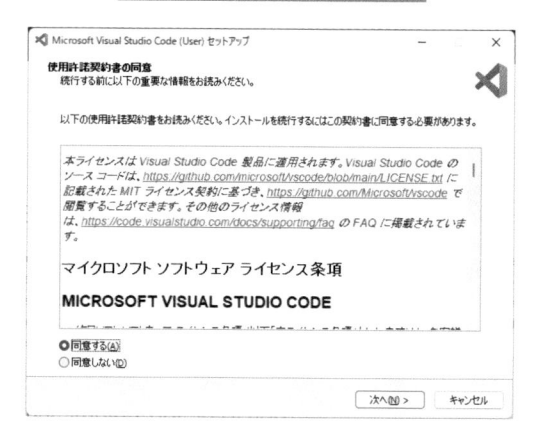

　追加タスクの選択画面で必要なオプションを選択したら「次へ(N)」をクリックします。

<u>追加タスクの選択画面</u>

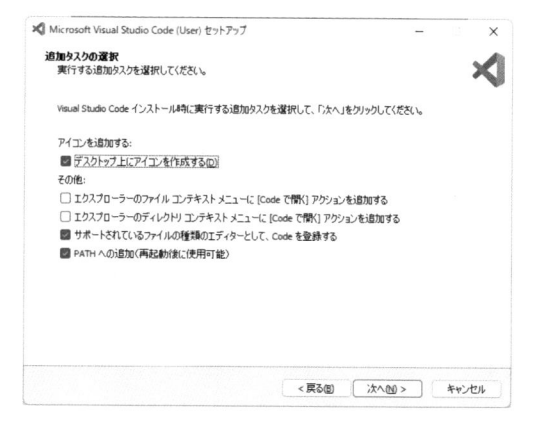

インストールの準備完了画面で「インストール(I)」をクリックする
とインストールが始まります。

インストールの準備完了画面

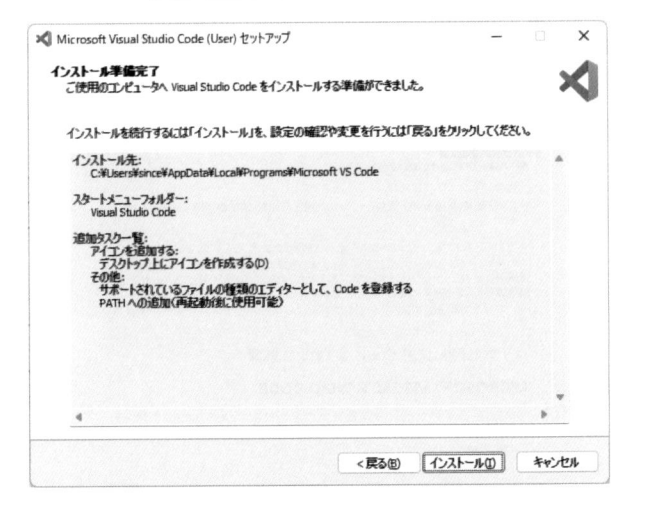

インストールが完了したら「完了(F)」をクリックします。

インストールの完了画面

インストーラーが終了すると、VS Codeが起動します。

Visual Studio Codeの起動画面

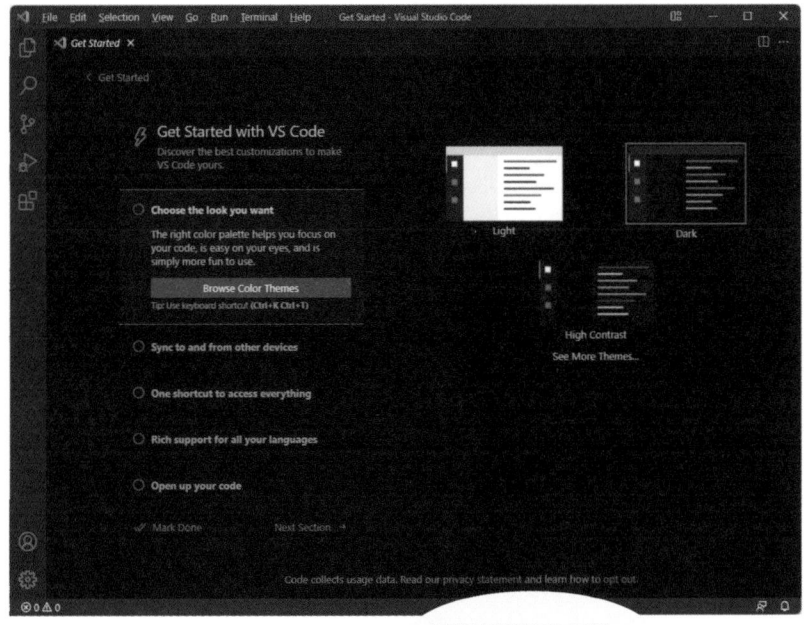

画面が英語のままだと
使いにくいかも…

インストールした直後は画面が英語になっているので、次ページ
に進んで日本語化を行いましょう。

Visual Studio Code の日本語化（拡張機能）

VS Code を起動して、❶サイドメニューのアイコンをクリックすると、拡張機能の管理画面が表示されます。

日本語化パッケージのインストール

❷検索ボックスに「Japanese Language Pack for Visual Studio Code」と入力すると日本語化パッケージが検索結果に表示されるので、❸Install ボタンを押してインストールします。

インストールが終わったら VS Code を再起動します。メニューなどが日本語に変わっていれば成功です。

日本語化されたVS Code

これで安心して
使えるね！

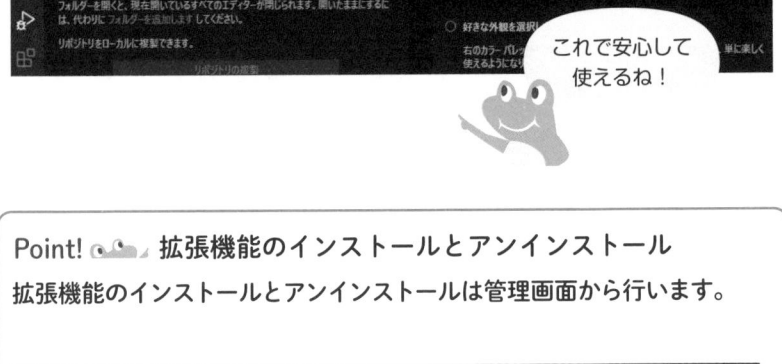

Point! 拡張機能のインストールとアンインストール

拡張機能のインストールとアンインストールは管理画面から行います。

コード整形機能の追加（拡張機能）

拡張機能の管理画面で「Prettier - Code formatter」を検索してインストールします。

Prettierのインストール

● 既定のコード整形をPrettierに変更する

「ファイル(F)>ユーザー設定>設定」を開きます。

ユーザーごとの環境設定画面

左側のツリーから「テキストエディター」をクリックすると右側に「Default Formatter」という項目があるので、「Prettier - Code formatter」に変更します。

既定のフォーマッターを変更

● コード整形のタイミングを設定する

　左側のツリーから「書式設定」をクリックすると「Format On ～」という項目があるので、自動でコード整形をして欲しいタイミングにチェックをつけます。

コード整形のタイミングを設定

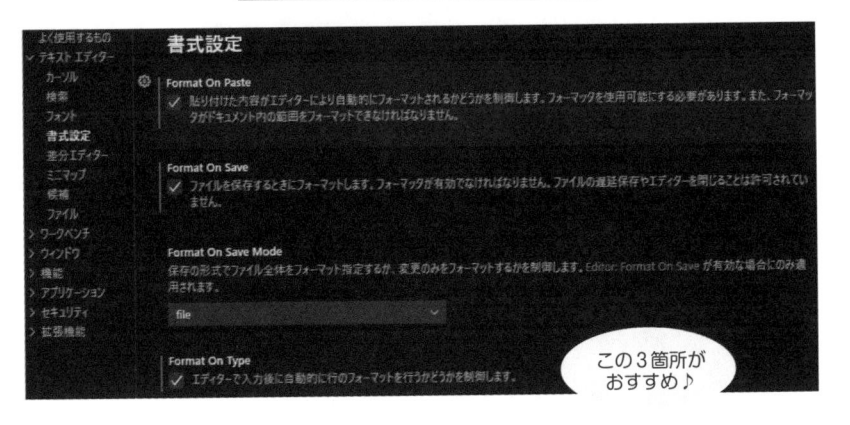

この3箇所が
おすすめ♪

　ここでは、コードを貼り付けたとき（Format On Paste）、ファイルを保存するとき（Format On Save）、コードを入力したとき（Format On Type）にチェックを付けています。

インデントの強調（拡張機能）

　拡張機能の管理画面で「indent-rainbow」を検索してインストール
します。

indent-rainbowのインストール

　indent-rainbowをインストールしておくと、ソースコードのイン
デントに色がついて強調され、見やすくなります。

見やすくハイライトされたインデント

```
25     // 持ち札のループ
26     this.cards.forEach((card, index) => {
27         // index番目と同じ数字が1枚しかない場合
28         if (this.cards.filter((e) => e.rank === card.rank).length === 1) {
29             // index番目のカードはペアを持たないので選択する
30             this.nodes[index].classList.add("selected");
31         }
32     });
33     }
34 };
35 }
```

制御構造が
見やすくなる♪

　プログラムの制御構造を見やすくするためには、インデントを適
切に揃えることが大切です。VS Codeは言語に応じて自動でインデ
ントを設定してくれますが、この拡張機能を使うことによってイン
デントの視認性が一段と高まります。

# 全角スペースの強調（拡張機能）

拡張機能の管理画面で「zenkaku」を検索してインストールします。

zenkakuのインストール

　zenkakuをインストールしておくと、ソースコード内の全角スペースに色がついて強調され、見やすくなります。

間違って入力された全角スペースが見える

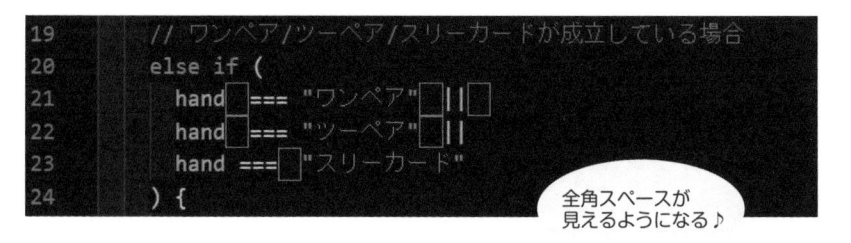

全角スペースが
見えるようになる♪

　ソースコードは基本的に半角の英数字と記号で記述しますが、全角文字でコメントを記述したあとキーボードを半角モードに戻し忘れると、半角スペースのつもりで全角スペースを入力してしまうことがあります。

　拡張機能を使って全角スペースが見えるようにしておきましょう。

コードのスペルチェック機能（拡張機能）

　拡張機能の管理画面で「Code Spell Checker」を検索してインストールします。

Code Spell Checker のインストール

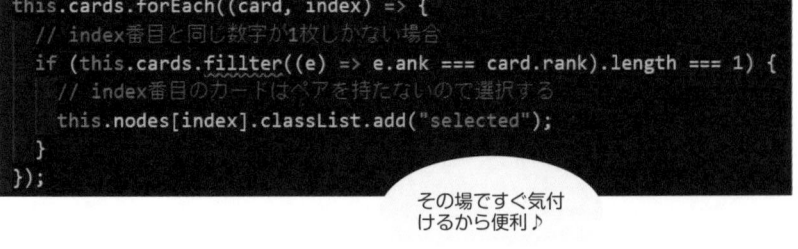

　Code Spell Checkerをインストールしておくと、コードのスペルミスをリアルタイムでチェックしてくれます。

スペルミスしている箇所に下線がつく

```
this.cards.forEach((card, index) => {
  // index番目と同じ数字が1枚しかない場合
  if (this.cards.fillter((e) => e.ank === card.rank).length === 1) {
    // index番目のカードはペアを持たないので選択する
    this.nodes[index].classList.add("selected");
  }
});
```

その場ですぐ気付
けるから便利♪

　この拡張機能はJavaScriptだけでなくHTMLやCSS、PHP、Pythonなど多くの言語に対応しているので、インストールして常に有効化しておくとよいでしょう。

　また、スペルミスしている箇所にマウスカーソルを乗せると正しいスペルの候補を表示してくれるので、英単語を調べる手間も省けます。

HTMLタグの入力補助機能（拡張機能）

　拡張機能の管理画面で「Auto Rename Tag」を検索してインストールします。

Auto Rename Tagのインストール

　Auto Rename Tagをインストールしておくと、HTMLの開始タグを入力すると終了タグが自動的に補完されます。

HTMLの編集が便利になる

　また、開始タグの要素名を修正したときも終了タグを自動的に修正してくれるので、HTMLのコーディングミス防止に役立ちます。

　これらの拡張機能を活用して、快適なプログラミング環境を整えましょう。

ローカルサーバーを設定しよう

XAMPPのインストール

XAMPP（ザンプ）は、Windows/Linux/Mac環境にウェブアプリケーションの実行に必要なソフトウェア（サーバーやデータベースの機能）を一括でインストールできるアプリケーションです。

ダウンロードサイト（https://www.apachefriends.org/download.html）から環境にあったものをダウンロードしてインストールしましょう。

XAMPPのダウンロードページ

■ XAMPP for **Windows** 7.4.27, 8.0.15 & 8.1.2

Version		Checksum		Size
7.4.27 / PHP 7.4.27	What's Included?	md5 sha1	Download (64 bit)	160 Mb
8.0.15 / PHP 8.0.15	What's Included?	md5 sha1	Download (64 bit)	161 Mb
8.1.2 / PHP 8.1.2	What's Included?	md5 sha1	Download (64 bit)	164 Mb

Requirements Add-ons More Downloads »

Windows XP or 2003 are not supported. You can download a compatible version of XAMPP for these platforms here.

 XAMPP for **OS X** 7.4.27, 8.0.15, 8.1.2, 7.4.27, 8.0.15 & 8.1.2

Version		Checksum		Size
7.4.27 / PHP 7.4.27	What's Included?	md5 sha1	Download (64 bit)	163 Mb
8.0.15 / PHP 8.0.15	What's Included?	md5 sha1	Download (64 bit)	164 Mb
8.1.2 / PHP 8.1.2	What's Included?	md5 sha1	Download (64 bit)	163 Mb
7.4.27 / PHP 7.4.27	What's Included?	md5 sha1	Download (64 bit)	360 Mb
8.0.15 / PHP 8.0.15	What's Included?	md5 sha1	Download (64 bit)	361 Mb
8.1.2 / PHP 8.1.2	What's Included?	md5 sha1	Download (64 bit)	361 Mb

Requirements Add-ons More Downloads »

Mac用は
「XAMPP for OS X」
だよ

ローカルサーバーの起動と停止

　XAMPPを起動するとコントロールパネルが開きます。OSによっ
て画面が異なりますが、「Apache」がウェブサーバーのことです。
Startボタンでサーバーが起動し、Stopボタンで停止します。

XAMPPのコントロールパネル

ローカルサーバーが
起動したらここが
緑に変わるよ

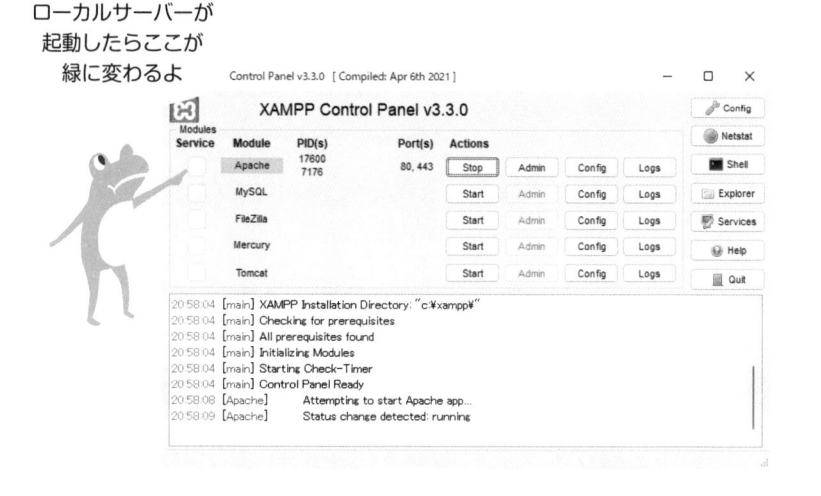

　本書のChapter05以降で作成するアプリケーションはサーバー上
で動作します。レンタルサーバーを利用できる場合はXAMPPのイ
ンストールは不要ですが、そうでない場合はXAMPPをインストー
ルしてPC内にサーバー環境を用意する必要があります。

Point! 　使うとき起動・使い終わったら停止
XAMPPをインストールしただけではサーバーは動きません。サーバー
を使いたいときはコントロールパネルからApacheを起動し、使い終
わったら必ず停止しましょう。

ローカルサーバーでウェブページを開く

ローカルサーバーのドキュメントルートは、XAMPPをインストールした場所にあるhtdocsディレクトリです。

XAMPPのドキュメントルート

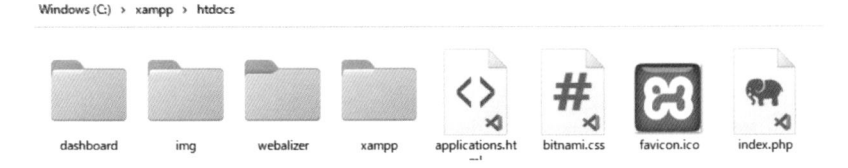

ローカルサーバーを起動してhttp://localhost/dashboard/にアクセスするとhtdocs¥dashboard¥index.htmlが開きます。

ローカルサーバーのURLで開く

サーバーが正常に起動
している証拠だよ

Point! 👀 ドキュメントルートとは？

ウェブ上に公開することのできる一番上の階層にあるディレクトリのことです。

　今度は http://localhost/dashboard/phpinfo.php にアクセスしてみましょう。

PHP も実行できる

　phpinfo.php にはサーバーの設定情報（PHP のバージョンや動作設定など）を HTML に変換して表示するプログラムが記述されています。

　このように、ローカルサーバーを起動すると htdocs ディレクトリに http://localhost/ という URL が割り当てられ、ウェブページとしてブラウザで実行できるようになります。Chapter07 ～ Chapter08 ではこの場所に開発用のディレクトリを作成して、実際に動かせるアプリケーションを作成していきます。

Point! 🐳 htdocs ディレクトリの場所
Windows の場合、デフォルトで「C:¥xampp¥htdocs」になります。

04

プロジェクトの雛形を ダウンロードしよう

 ### サンプルのダウンロード

　本書ではポーカー風のカードゲームをJavaScriptのアプリケーションとして作成していきます。秀和システムのHP (https://www.shuwasystem.co.jp/) で本書を検索してサポートページへ移動して、サンプルをダウンロードしましょう。

サポートページ

ここから
ダウンロードしよう

【注意】本書には同じシリーズで「"超"入門編」という本がありますので、お間違えのないよう「プログラミング実践編」のサポートページからダウンロードしてください。

　ダウンロードしたZIPファイルを解凍したら、XAMPPのhtdocsディレクトリの中に配置します。

サンプルのフォルダ構成

解凍したフォルダに以下のファイルが入っていることを確認しましょう。

サンプルのフォルダ構成

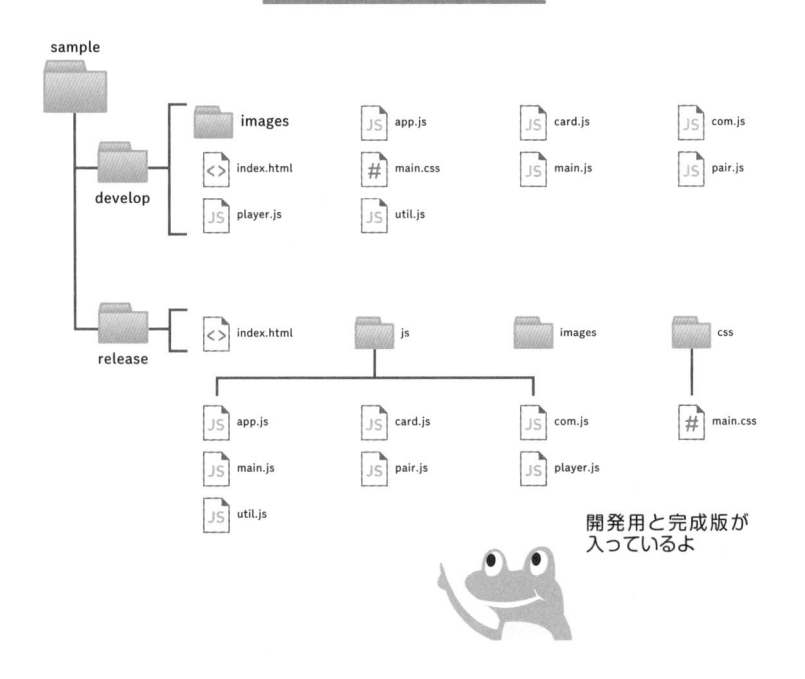

releaseフォルダには、サーバーに置くとすぐに実行できるアプリケーションの完成版が入っています。developフォルダには、開発用の雛形（JavaScriptのソースコードが記述されていない）が入っています。それぞれ、次の場所に配置してください。

htdocs¥sample¥develop
htdocs¥sample¥release

ワークスペースを作成しよう

 ワークスペースとは?

「ファイル(F) > フォルダーを開く…」からhtdocs¥sample¥developフォルダを開きましょう。

開発用のフォルダを開く

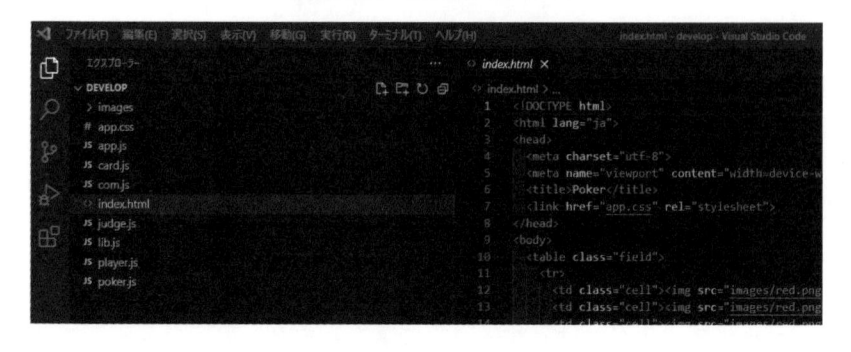

通常はこのように1つのフォルダしか開けないので、完成版のソースコードを見ながら開発したいとき不便です。

そこで、VS Codeではワークスペースと呼ばれる単位でアプリケーションを管理します。ワークスペースには別々の場所にあるフォルダをまとめて読み込むことができます。

いったん「ファイル(F) > フォルダーを閉じる」でdevelopフォルダを閉じてください。

ワークスペースの作成

「ファイル(F)>フォルダーをワークスペースに追加…」から develop フォルダを開くと、新規のワークスペースに develop フォルダが追加されます。

ワークスペースにフォルダを追加する

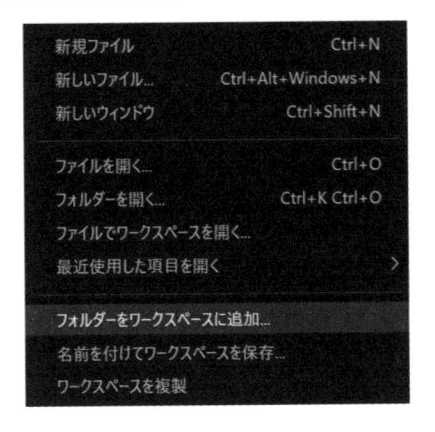

同じように release フォルダを開くと、同じワークスペースに release フォルダが追加されます。

新規のワークスペース

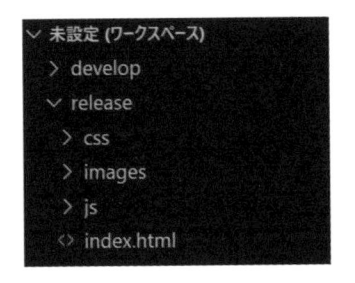

ワークスペースの保存

「ファイル(F)>名前を付けてワークスペースを保存…」から任意の場所にワークスペースを保存します。本書ではhtdocs¥sampleに保存します。

ワークスペースを保存する

保存する名前は自由に指定できます(デフォルトはworkspace. code-workspace)。この設定ファイルには、ワークスペースに含まれるフォルダの場所が保存されているので、VS Codeを終了してもワークスペースを読み込めば同じ環境で開発の続きができます。

Point! ワークスペースとプロジェクト

アプリケーションの定義ファイルやモジュールをまとめた単位をプロジェクトと呼びます。ワークスペースには、関連する複数のプロジェクトをまとめる役割があります。

ワークスペースから開く

　「ファイル (F)>ファイルでワークスペースを開く…」からワークスペースの設定ファイル (*.code-workspace) を選択すると、ワークスペースの設定が読み込まれます。

ワークスペースから開く

ワークスペースの復元

サンプルを動かしてみよう！

　37ページの場所にサンプルを配置したら、XAMPPでローカルサーバーを起動してhttp://localhost/sample/releaseをブラウザで開いてみましょう。

ローカルサーバーでサンプルを実行

　release¥index.htmlが開き、ゲームの画面が表示されます。画面下側にある表を向いたカードをマウスで選択してDrawボタンを押すとゲームが進行します。本書で作成するゲームの完成版を体験してみましょう（ゲームの詳しいルールは178ページを参照してください）。

Chapter

02

↓

オブジェクトの
作り方

オブジェクトとは?

 「モノ」を大雑把に指し示すプログラミング用語

オブジェクトとは、「モノ」を指し示すプログラミング用語です。ここでいう「モノ」とは、形のある物質だけでなく概念上のモノも含みます。

たとえばリンゴというオブジェクトには品種/糖度/産地などの属性があり、会社というオブジェクトには社名/設立日/代表者などの属性があります。このように、オブジェクトが持つ属性のことを**プロパティ**と呼びます。

また、猫というオブジェクトには鳴く/食べる/寝る/歩くなどの動きがあり、飛行機というオブジェクトには離陸する/飛行する/着陸する/補給するなどの動きがあります。このように、オブジェクトに備わっている動作や操作のことを**メソッド**と呼びます。

JavaScriptには、プログラムで扱う変数や関数をオブジェクトとしてまとめる定義方法が用意されています。

Point! **プログラミングにおけるオブジェクト**
・「モノ」を指し示すプログラミング用語
・モノが持つ属性をプロパティ、動作や操作をメソッドと呼ぶ

オブジェクトの考え方

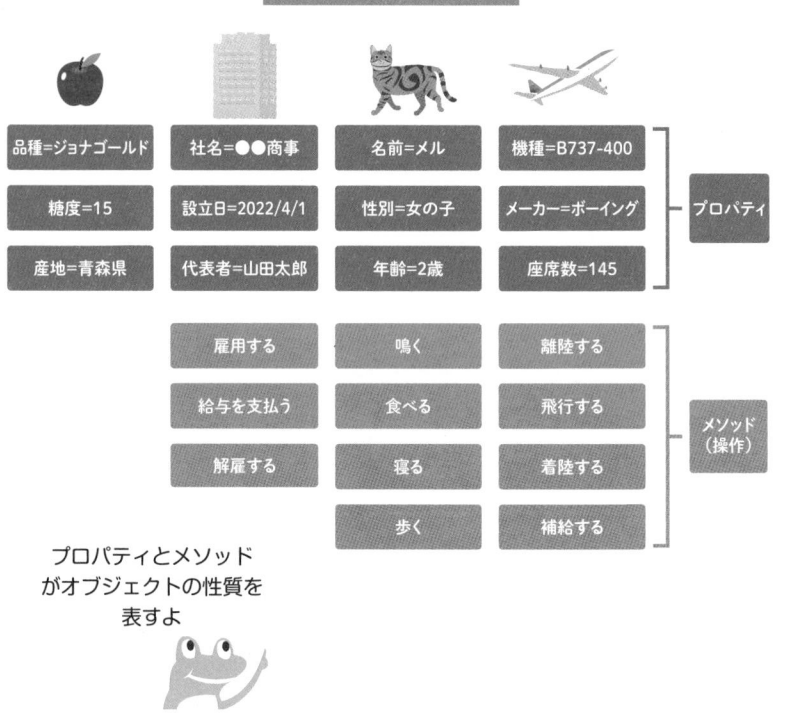

プロパティとメソッド
がオブジェクトの性質を
表すよ

オブジェクト指向プログラミング

　プログラムで扱うモノをオブジェクトとして捉え、オブジェクト
を組み合わせることで大きなシステムやアプリケーションを開発す
る手法を**オブジェクト指向**と呼びます。オブジェクト指向プログラ
ミングには次のようなメリットがあります。

【メリット1】プログラムのメンテナンスがしやすくなる
【メリット2】プログラムの分業化がしやすくなる
【メリット3】プログラムの品質が向上する
【メリット4】プログラムのカスタマイズがしやすくなる

Chapter 02

オブジェクトの書式

JavaScriptのオブジェクト構文

JavaScriptではオブジェクトの定義を次のように記述します。

書式

```
const obj = {
 プロパティ名: 値,
 プロパティ名: 値,
 プロパティ名: 値,
 …
}
```

プロパティの値にアクセスするには次のように記述します。objは
オブジェクトの定義を代入した変数名です。

書式

```
obj. プロパティ名
```

実はオブジェクトの構文は連想配列の構文そのものです (コラム参
照)。

オブジェクトの例

45ページのリンゴをオブジェクト構文で定義してみましょう。

```
const apple = {
 variety: "ジョナゴールド", // 品種
 sugar_content: 15,        // 糖度
 made_in: ["青森県"]       // 産地
}
console.log(apple.veriety);   // => ジョナゴールド
apple.made_in.push("岩手県");
console.log(apple.made_in); // => ['青森県','岩手県']
console.log(apple.mede_in.length()); // => 2
```

産地のプロパティ made_in には配列が入っているので、push() や pop()、length() などの配列オブジェクトが持つメソッドを呼び出すことができます。**プロパティの値はオブジェクトでも良い**のです。

\Column/

連想配列

実はJavaScriptには連想配列という言葉はなく、**オブジェクト**または**オブジェクトリテラル**（オブジェクト構文）と呼びますが、キーと値のペアを要素に持つ特殊な配列を連想配列として標準提供しているプログラミング言語があることから、慣習的に連想配列と呼ばれることがあります。

JavaScriptではオブジェクトリテラルを使って連想配列を表現できる、と言い換えてもよいでしょう。

オブジェクトのメソッド

メソッドの定義

オブジェクトが持つメソッドは次のように定義します。

書式

```
const obj = {
 メソッド名 (引数) {
  処理内容
 }
}
```

メソッドを呼び出す（実行する）には次のように記述します。objは
オブジェクトの定義を代入した変数名です。

書式

```
obj. メソッド名 (引数)
```

オブジェクト変数名をつけなければならない点を除くと、呼び出
し方は通常の関数と同じです。

メソッドの例

45ページの猫をオブジェクト構文で定義してみましょう。

```javascript
const cat = {
 name: "メル",        // 名前
 gender: "female",   // 性別
 age: 2,             // 年齢
 meow() {            // 鳴く
  console.log("にゃー ");
 },
 eat(fish) {         // 食べる
  console.log(fish + "おいしいにゃー ");
 },
 sleep() {           // 寝る
  console.log("ねむいにゃー ");
 },
 walk() {            // 歩く
  console.log("散歩大好きにゃー ");
 }
}
cat.meow();          // => にゃー
cat.walk();          // => 散歩大好きにゃー
cat.eat("サンマ");   // => サンマおいしいにゃー
```

> **Point!** オブジェクトにするメリット
> メソッドの定義はオブジェクト内に隠蔽されるので、オブジェクトを利用する側のプログラムはメソッドの中身の実装を知らなくても呼び出すだけで済みます（45ページのメリット）。

メソッドは次のように記述することもできます。

書式

```
const obj = {
 メソッド名：function(引数) {
  処理内容
 }
}
```

　JavaScriptでは、foo=function(…){}のように関数の定義を変数に代入すると、foo(…)で関数を呼び出すことができます。fooは「fooという名前のメソッドを持ったオブジェクト」と捉えることができるので、fooを**関数オブジェクト**と呼びます。fooは関数オブジェクトを代入した変数なのです。

　すると、青文字の部分はオブジェクトなので、「メソッド名：オブジェクト」になります。また、プロパティの値はオブジェクトでも良い（47ページ）ことから、メソッド名をプロパティ名と読み替えると「プロパティ名：値」と記述していることと同じです。

　つまり、オブジェクトのメソッドとは、関数オブジェクトを値に持ったプロパティのことなのです。obj.メソッド名(…)のように関数として呼び出せることから、便宜上、メソッドと呼んでプロパティと区別しているわけです。これをさらに短く記述できるようにしたのが48ページの構文です。どちらの構文も同じものだということを理解しておきましょう。

オブジェクトの入れ子

プロパティの値にオブジェクトを入れると入れ子にできます。

書式

```
const obj = {
 プロパティ名: {
  プロパティ名: 値
 }
}
```

45ページの会社オブジェクトを定義してみましょう。

```
const company = {
 name: "●●商事",               // 社名
 established: "2022/4/1",       // 設立日
 ceo: {                         // 代表者
  name: "山田太郎",
  age: 52
 }
 employ() {                     // 雇用する
 }
 pay() {                        // 給与を支払う
 }
 …
}
console.log(company.ceo.name);  // => 山田太郎
```

オブジェクトの問題点

 スコープの問題

　オブジェクト構文を使うと、複雑なデータをオブジェクトにまとめることができるので、とても便利に思えます。しかし、オブジェクトのプロパティとメソッドはどこからでも参照できるので、いつどこで意図しない変更が行われるかわからないという問題があります。

　45ページの猫は魚なら何でも食べる女の子ですが、オブジェクトを利用する側のプログラムでオブジェクトの定義を変更できてしまいます。

```
// ワガママな男の子になってしまう！
cat.gender = "male";
cat.eat = function(fish) {
  console.log("ボクは高級魚しか食べないニャッ！");
}
```

　どこからでも参照できてしまうと、オブジェクトを使う人がプロパティやメソッドの正しい使い方を知っておかなければならず、開発規模が大きくなるほど使い方を誤ってしまうリスクが高くなります。

コードの再利用ができない問題

　猫オブジェクトを流用して「ベンガル猫」オブジェクトや「シャム猫」オブジェクトなどを増やしたい場合を考えてみましょう。個体差があっても猫として備えている特徴には共通点が多いはずですから、ほとんど同じコードのコピーが生まれることになります。

コピーすればするほど保守性が低下する

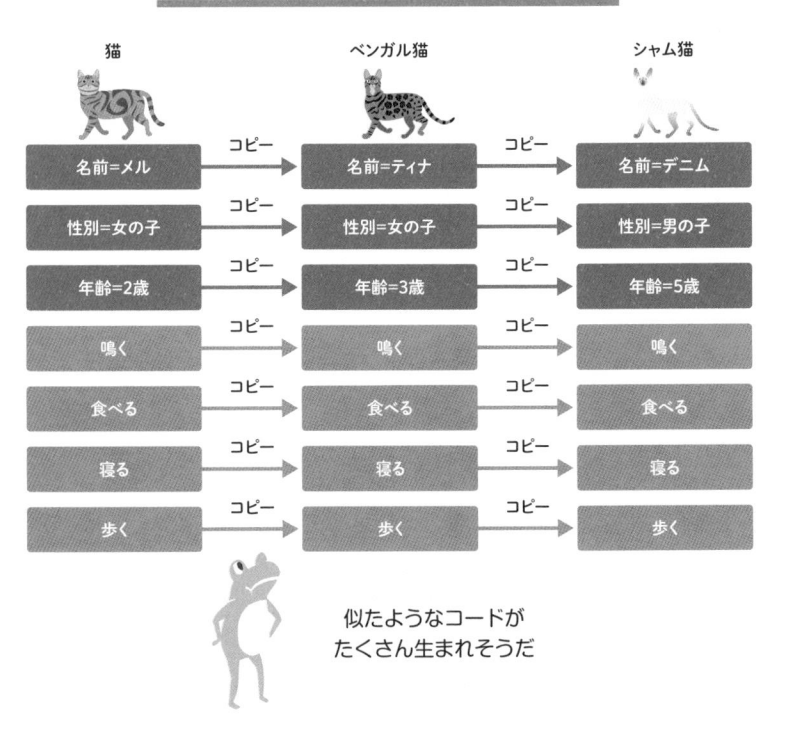

似たようなコードが
たくさん生まれそうだ

　すると、猫オブジェクトにプロパティを追加したりメソッドの誤りを修正したりするときに、他の猫にも同じことを行わなくてはならないので、取り扱うオブジェクトが増えるほどプログラムのメンテナンスがやりにくくなってしまいます。開発規模が大きくなると修正漏れが起きやすくなり、プログラムの品質維持が難しくなります。

スコープの問題を解決する方法

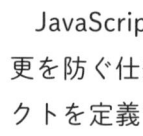 **即時関数を使ってプロパティを隠蔽する**

　JavaScriptのオブジェクト構文には、プロパティやメソッドの変更を防ぐ仕組みがありません。しかし、**即時関数**を使ってオブジェクトを定義すれば、オブジェクトのプロパティを外部からアクセスできないように隠蔽することができます。

　猫オブジェクトの性別プロパティを隠蔽する例を示します。

```javascript
const cat = (function () {
  let _gender = "female"; // 女の子
  return {
    gender() {
      return _gender;
    }
  }
})();
console.log(cat.gender()); // => female
console.log(cat._gender);  // => undefined（参照不可！）
```

　即時関数については章末のコラム（58ページ）を参照してください。

性別のプロパティ_gender を即時関数内のローカル変数として宣言します。この即時関数は「変数の値を返すgender という関数オブジェクト」を戻り値として返します。プロパティの名前に_を付けるのは、gender 関数と名前が衝突しないための回避策です。

 ## なぜプロパティが隠蔽できるのか？

関数内で宣言したローカル変数は、関数の外からはアクセスできません。逆に、関数の外で宣言された変数は関数の中からアクセスできます。

cat にはgender という名前のメソッドを持つオブジェクトが入るので、cat.gender()を実行すれば_gender プロパティの値を取得することができます。また、cat 自体はプロパティを持っていないので、cat._gender で_gender の値にアクセスすることはできません。

即時関数でプロパティを隠蔽する仕組み

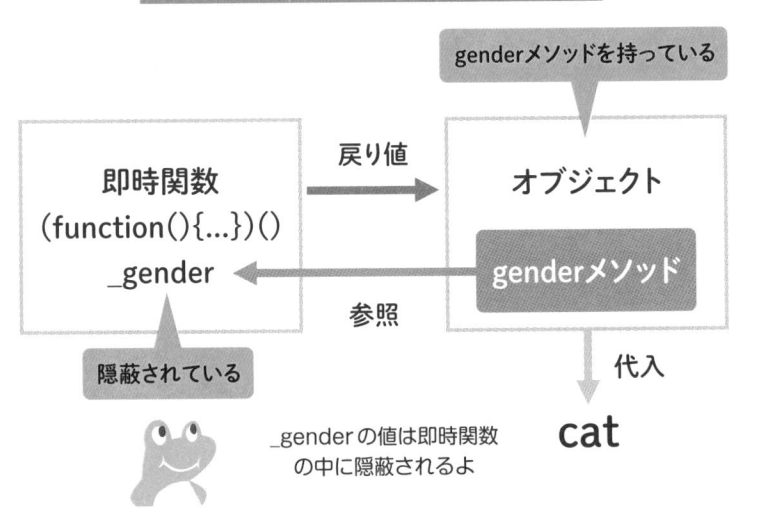

普通の関数ではなく即時関数を使う理由は次ページで解説します。

即時関数を使う理由

即時関数ではなく普通の関数を使うと次のようになります。

```
const cat = function () {
 let _gender = "female"; // 女の子
 return {
  gender() {
   return _gender;
  }
 }
};
console.log(cat.gender());  // => エラー！
console.log(cat._gender);   // => undefined（参照不可！）
console.log(cat().gender()); // => female
```

catに入るのは「genderメソッドを持つオブジェクト」ではなく、「genderメソッドを持つオブジェクトを返す関数」です。少しややこしいですが、ようするにcatはオブジェクトではなく関数だということです。そのため、cat.xxxやcat.xxx()という書き方はできません。まずcat()で関数として実行し、その戻り値が「genderメソッドを持つオブジェクト」なので、cat().gender()のように連鎖的に呼び出す必要があります。

_genderを隠蔽できる点は即時関数と同じですが、catをオブジェクトのつもりで操作することができなくなります。その点、即時関数なら使い勝手を大きく変えることなくオブジェクトとしての振る舞いを維持できます。

　このように、即時関数の性質をうまく利用するとプロパティを隠蔽できますが、コードの再利用ができない問題（53ページ）は解決していません。

　この問題はChapter03で解説する「クラス」を使えば解決します。スコープの問題も「クラス」が解決してくれるので、即時関数に頼る必要がなくなります。

\Column／

複数のメソッドを持つオブジェクトを定義するには？

即時関数が複数の関数オブジェクトを返すようにします。

```javascript
const cat = (function () {
 let name = "メル";
 let gender = "female";
 let age = 2;
 return {
  name() {…},
  gender() {…},
  age() {…},
  meow() {…},
  eat(fish) {…},
  sleep() {…},
  walk() {…}
 }
})();
cat.meow(); // => にゃー
cat.walk();  // => 散歩大好きにゃー
```

普通の関数と即時関数の違い

　即時関数は名前を持たない関数（匿名関数や無名関数と呼ぶ）の一種で、JavaScriptが読み込まれたとき1回だけ即時に実行される性質を持っています。一方、function 関数名(…){} で定義する普通の関数は、呼び出されるまで動きません。

```javascript
// 普通の関数
function eat(fish) {
  console.log(fish + "おいしいにゃー ");
}
eat(fish); // ここではじめて実行される

// 即時関数
(function () {
  console.log(fish + "おいしいにゃー "); // すぐ実行される
})();
```

Chapter

03

↓

クラスの作り方

クラスとは？

オブジェクトの設計図

「猫ってどんなもの？」と聞かれたらどう答えますか？　「毛があ
る」「ヒゲがある」「性別がある」「名前がある」「歩く」「走る」「食べる」
「にゃーと鳴く」など、いろんな猫に当てはまる共通の性質を答える
のではないでしょうか。これらは猫というオブジェクトの性質を定
義する情報です。

　このように、オブジェクトが持つ性質（プロパティやメソッド）
を定義したものを**クラス**と呼びます。言い換えると、クラスはオブ
ジェクトを作るための設計図です。

クラスとオブジェクトの関係

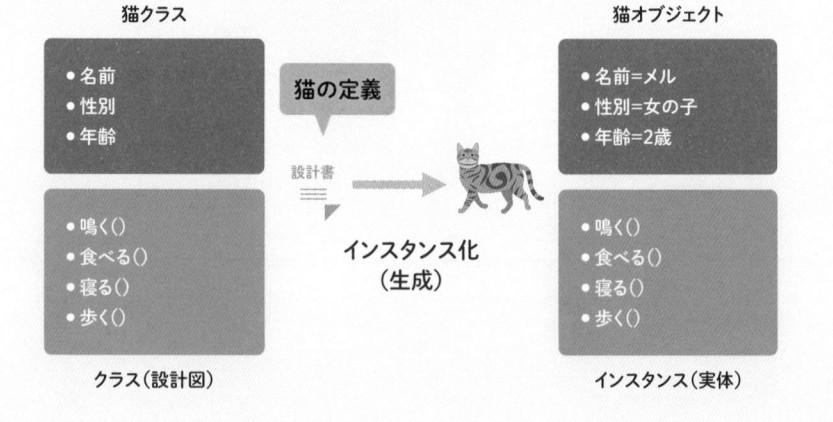

　クラスは実体を持たない設計図なので、動かすことはできません。そこで、クラスを元にオブジェクトを生成して、そのオブジェクトをプログラムで操作します（使う、利用する）。

　このとき、クラスを実体化したオブジェクトのことを（クラスの）**インスタンス**と呼びます。また、クラスからオブジェクトを生成することを**インスタンス化**と呼びます。

インスタンス化したオブジェクトを操作する

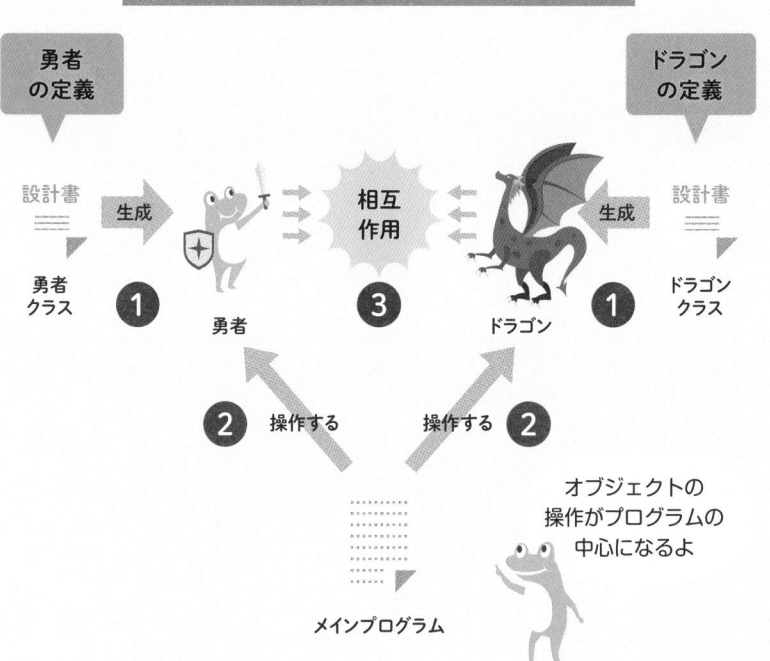

Point! 用語を整理しよう！

クラス…オブジェクトの性質を定義するための設計図。

インスタンス…クラスを実体化したオブジェクトのこと。

インスタンス化…クラスを実体化すること。

クラスの書き方

クラスは次のように定義します。

```
class クラス名 {
 // ①プロパティ
 #プロパティ名;
 #プロパティ名;
 ・・・
 // ②コンストラクタ
 constructor(引数) {
  ・・・
 }
 // ③アクセサ
 get プロパティ名() {
  ・・・
 }
 set プロパティ名(引数) {
  ・・・
 }
 ・・・
 // ④メソッド
 メソッド名() {
  ・・・
 }
}
```

①プロパティ

インスタンスのプロパティを保持する変数名を宣言します。プロパティ名の先頭に#をつけるとローカルスコープになり、クラスの外部からアクセスできません。勝手に書き換えられると困るプロパティには#をつけて隠蔽しましょう。

②コンストラクタ（☞64ページ）

プロパティを初期化する役割を担う特殊なメソッドです。クラスをインスタンス化するタイミングで自動的に呼び出されます。省略すると引数を持たない既定のコンストラクタが呼び出されます。

③アクセサ（☞66ページ）

プロパティにアクセスする手段を提供する役割を担うメソッドのことをアクセサと呼びます。プロパティを読み取るアクセサはgetキーワードをつけ、プロパティに値を設定するアクセサはsetキーワードをつけます。直接アクセスしてほしくないプロパティはアクセサを通して参照させましょう。

④メソッド（☞70ページ）

クラスのインスタンスが持つメソッドを定義します。プロパティと同じく#をつけるとプライベートなメソッドになり、クラス内部でのみ呼び出せるようになります。

Point!　プロパティやメソッドの隠蔽（カプセル化）
クラス内でしか参照できないスコープをprivate（プライベート）と呼びます。プロパティやメソッドに#をつけるとプライベートになり、クラスを使う側のプログラムから直接アクセスできなくなります。

02

コンストラクタ

↓

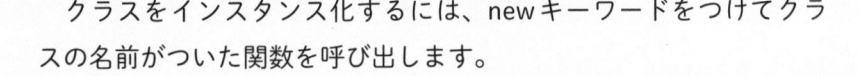

インスタンスを生成する特別な関数

クラスをインスタンス化するには、newキーワードをつけてクラスの名前がついた関数を呼び出します。

書式

```
const obj = new クラス名（引数）；
```

この特殊な関数は、クラスのインスタンスを生成して戻り値として返すことから**コンストラクタ**（constructor：建設者）と呼びます。

コンストラクタはクラスがインスタンス化されるタイミングで呼び出されるので、プロパティを初期化すること（初期値をセットすること）が主な役割になります。

猫クラスから1匹の猫インスタンスを生成する例を示します。名前はティナ、性別は女の子、年齢は3歳とします。

```
const cat = new Cat("ティナ", "female", 3);
```

プロパティの初期化

クラスをインスタンス化するとき、インスタンスのプロパティにどのような値を持たせるかをコンストラクタの引数で指定します。

```
// 猫クラス
class Cat {
// プロパティ
#name;
#gender;
#age;
// コンストラクタ
constructor(name = "名無し", gender = "不明", age = 0) {
  this.#name = name;      // デフォルトは名無し
  this.#gender = gender;  // デフォルトは不明
  this.#age = age;        // デフォルトは0歳
 }
}
```

仮引数にデフォルト値を定義しておくと、関数を呼び出すとき引数を省略できます。コンストラクタでよく使われます。

```
const cat = new Cat(); // 名無し、性別不明、0歳の猫になる
```

> Point! クラス内でのthisは何を指す?
> thisは記述する場所によって指すものが変わる特殊な変数ですが、ここではクラスのインスタンスを指します。

アクセサ

プロパティにアクセスする手段を提供するメソッド

　クラス外部からプロパティを自由にアクセスできてしまうと、インスタンスが誤動作したり壊れたりする原因になることがあります。

```
const cat = new Cat("ティナ", "female", 3);
cat.name = "ポチ";   // 犬っぽい名前に変えられてしまう！
cat.age = "10歳";   // 文字列型のデータが代入されてしまう！
```

　年齢は1歳ずつ増えるものですが、プロパティがクラス外部に公開されていると、不適切な値が代入できてしまいます。また、数値型を想定しているのに文字列が代入されてしまうと、クラス内部で年齢を参照している箇所がプログラムエラーを起こす可能性があります。

　このようなリスクからインスタンスを保護するには、クラス外部からプロパティを直接参照できないように隠蔽し、クラス側が用意したメソッドを使って間接的にアクセスさせることが有効です。そのような役割を担うメソッドのことを**アクセサ**と呼びます。

Point! アクセサの役目

プロパティにアクセスする間接的な手段を提供します。

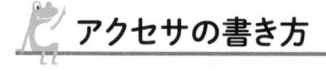

アクセサの書き方

　プロパティの値を読み取るためのアクセサはgetキーワードをつけ、プロパティに値を設定するためのアクセサはsetキーワードをつけます。前者を**ゲッター**（**getter**）、後者を**セッター**（**setter**）と呼ぶこともあります。最も単純なアクセサは次のように記述します。

```
// 年齢を取得するアクセサ（ゲッター）
get age() {
  return this.#age; // プロパティの値を返す
}
// 年齢を設定するアクセサ（セッター）
set age(age) {
  this.#age = age; // 渡された値をプロパティにセットする
}
```

　アクセサを使うときはプロパティと同じように記述します。関数のように、アクセサ名()とは書かないことに注意しましょう。

書式

```
obj. アクセサ名
```

```
// アクセサを使う
const cat = new Cat("ティナ", "female", 3);
cat.age = 4; // ageプロパティの値が4に変わる
console.log(cat.age + "歳"); // => 4歳
```

　通常のプロパティと使い方は同じですが、実際はアクセサを呼び出して間接的にプロパティ #ageにアクセスしています。

ゲッター（getter）の例

　プロパティの値をそのまま返すのではなく、プロパティの値に応じて加工・編集を行った文字列を返す例です。

```
// 性別のゲッター
get gender() {
  // 性別に応じた文字列を返す
  if (this.#gender === "female") {
    return "女の子";
  } else {
    return "男の子";
  }
}
```

　こうすれば、クラスを利用する側では「femaleだったら女の子、maleだったら男の子」と読み替えるロジックを書かなくて済むので、直感的にプロパティを使うことができるようになります。

```
const cat = new Cat("ティナ", "female", 3);
console.log("この子は" + cat.gender + "です");
// => この子は女の子です
```

Point! ゲッターに何を書けばよい？
プロパティの値をそのまま返すか、加工・編集した結果を返します。

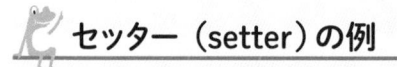 ## セッター（setter）の例

　データ型や値の妥当性をチェックして、プロパティに有効な値がセットされるように配慮した例です。

```javascript
// 年齢のセッター
set age(age) {
  // 0以上の整数のみ受け付ける
  if (Number.isInteger(age) && 0 <= age) {
    this.#age = age;
  }
}
```

　こうすれば、クラスを利用する側から不適切な値がセットされることがなくなるので、プロパティを保護することができます。

```javascript
const cat = new Cat("ティナ", "female", 3);
console.log("この子は" + cat.age + "歳です");
// => この子は3歳です

cat.age = "4"; // 整数ではなく文字列なのでセットされない
console.log("この子は" + cat.age + "歳です。");
// => この子は3歳です
```

Point! セッターに何を書けばよい？
引数をプロパティにそのまま代入するか、データ型や範囲のチェックを行ってから代入します。

メソッド

オブジェクトの動作を定義するもの

　メソッドはオブジェクトの動作を定義する関数です。猫クラスに自己紹介のメソッドを実装してみましょう。

```
class Cat {
 ...

  // 自己紹介メソッド
  selfIntroduce() {
    console.log("私は" + this.#name + "です");
  }
}


const cat = new Cat("ティナ", "female", 3);
cat.selfIntroduce(); // => 私はティナです
```

　メソッドの呼び出しは次のように行います。

書式

obj. メソッド名（引数）

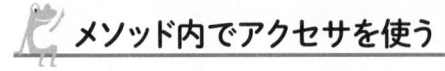

メソッド内でアクセサを使う

　アクセサは、クラス内で使用することもできます。68ページの
ゲッターを例に、アクセサを使うメソッドと使わないメソッドの比
較を示します。

```
selfIntroduce() { // A.アクセサ使用
  console.log("私は" + this.gender + "です");
}
selfIntroduce() { // B.アクセサ不使用
  console.log("私は" + this.#gender + "です");
}
```

　性別がfemaleの猫に自己紹介をさせると次の結果になります。

アクセサを使ったほうが便利な場合もある

	genderプロパティの値	出力結果
Aの場合	female	私は女の子です
Bの場合	female	私はfemaleです

　female→女の子、male→男の子という読み替え処理を実装しなく
て済むので、アクセサを使ったほうが便利な場合もあります。

> Point!
> クラス内のメソッドはアクセサを使わなくても直接プロパティにアクセ
> スできますが、あえてアクセサを使ったほうがメソッドの負担が軽減で
> きて便利な場合があります。

静的メソッド

インスタンス化しなくても使えるメソッド

　会社の社員一覧やマンションの住人一覧などのさまざまなリストを管理するListManagerクラスを考えてみましょう。このクラスは、並べ替えたいデータを配列で受け取るsortメソッドを持ちます。使い方は次のようなイメージです。

```
const manager = new ListManager(); // インスタンスを生成
manager.sort( 並べ替えたい配列);
```

　しかし、ListManagerクラス自身はプロパティを持っていません。プロパティを持たないクラスは、誰がnewしても同じ性質のインスタンスが生成されます。だったらインスタンス化せずにメソッドを使えたほうが便利です。
　そこで、メソッドの定義に**static**キーワードをつけると、newしなくても使える**静的メソッド**になります。

書式

static メソッド名（引数）{…}

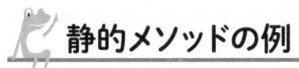 静的メソッドの例

sortメソッドを静的メソッドにして利用する例を示します。

```javascript
class ListManager {
  // インスタンス化せずに使えるメソッド
  static sort(array) {
    // ソートを行う
    array.sort((a, b) => a - b);
  }
}
const number = [6, 2, 4, 8];
ListManager.sort(number); // ソートを行う
console.log(number);      // => [2, 4, 6, 8]
```

静的メソッドはクラス名をつけて呼び出します。

書式

クラス名.メソッド名（引数）

　ソート処理の書き方はChapter04（118ページ）で解説します。ここでは小さい順にソートが行われるのだと思ってください。
　このように、静的メソッドはクラスをインスタンス化せずに呼び出せるので、ビルトインのMathオブジェクトのように汎用性の高い操作をライブラリのようにまとめたい場合に役立ちます。本書の後半で作成するゲームも静的メソッドを利用します。

クラスの継承

継承とは?

　新しいクラスを作るとき、既存のクラスの性質(プロパティやメソッド)を引き継ぐことを**継承**と呼びます。

　自動車クラスを継承して電気自動車クラスや空飛ぶ自動車クラスを作ると、自動車クラスの性質を引き継ぎます。それぞれのクラスには、自動車クラスに備わっていない性質だけを実装します。

継承のイメージ

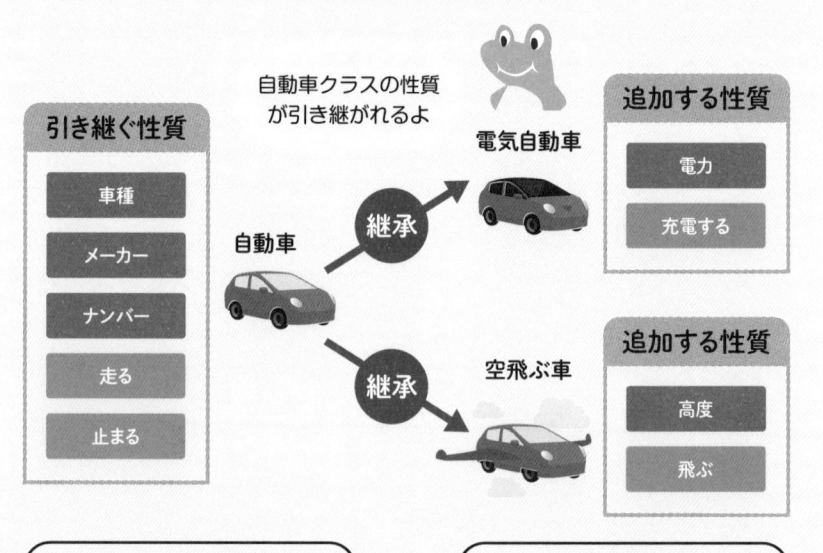

継承のメリット

　スーパークラスに追加したプロパティやメソッドはサブクラスでも使えるようになるので、同じコードをサブクラスに実装する必要がありません。また、引き継いだメソッドを修正したいとき、スーパークラスだけを修正すれば済みます。

スーパークラスだけ修正すればいい

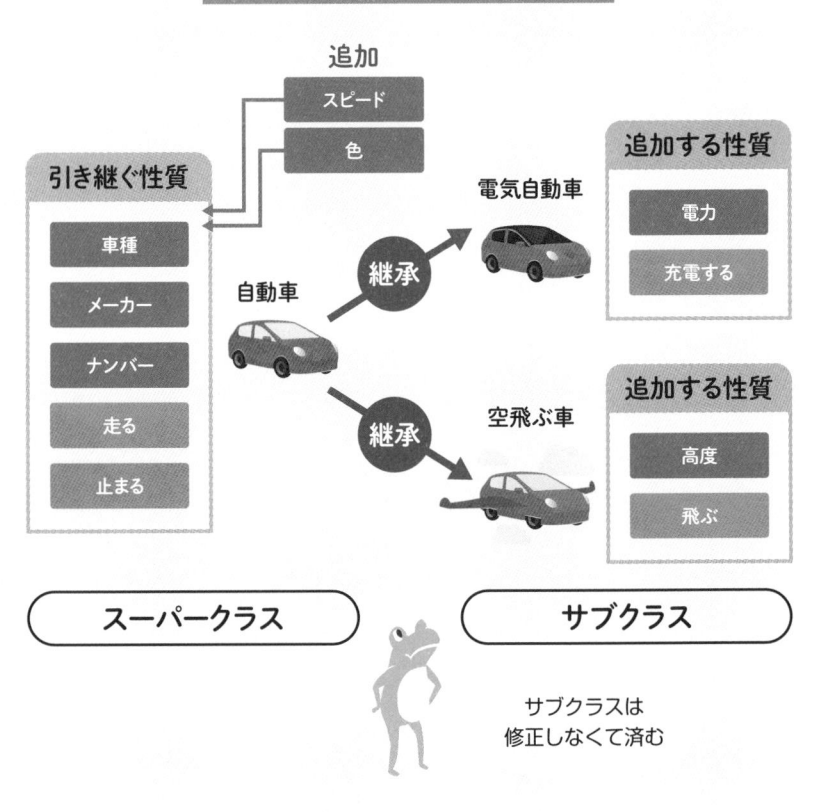

| スーパークラス | サブクラス |

サブクラスは
修正しなくて済む

Point! 用語を整理しよう！
スーパークラス（基底クラス、親クラス）…継承元のクラス
サブクラス（派生クラス、子クラス）…継承先のクラス

継承の書き方

クラスを継承するには extends キーワードを使います。

```
class サブクラス名 extends スーパークラス名 {
  ・・・
}
```

自動車クラスを継承して空飛ぶ車クラスを作る例を示します。

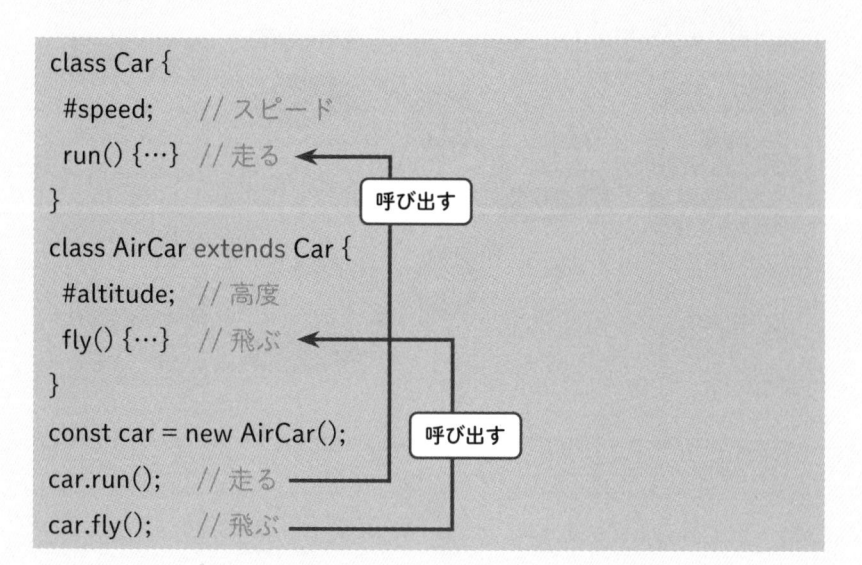

```
class Car {
  #speed;    // スピード
  run() {…}  // 走る          ← 呼び出す
}
class AirCar extends Car {
  #altitude;  // 高度
  fly() {…}  // 飛ぶ          ←
}
const car = new AirCar();
car.run();   // 走る          ← 呼び出す
car.fly();   // 飛ぶ
```

サブクラスを使う側の立場から見ると、サブクラスの run メソッド
を呼び出しているように見えますが、実際はスーパークラスの run メ
ソッドが呼び出されます。

サブクラスのコンストラクタ

　サブクラスのプロパティはコンストラクタで初期化します。その
ため、空飛ぶ車クラスのコンストラクタは速度と高度の2つを受け取
ります。高度はサブクラスが自分で初期化しますが、速度の初期化
はスーパークラスのコンストラクタに任せます。スーパークラスの
コンストラクタはsuper(引数)で呼び出します。

書式

```
super(引数)
```

```
class Car {
 #speed;    // スピード
 constructor(speed = 0) {
  this.#speed = speed;
 }
}
class AirCar extends Car {
 #altitude; // 高度
 constructor(speed = 0, altitude = 0) {
  super(speed);
  this.#altitude = altitude;
 }
}
```

呼び出す

スーパークラスのメソッドを呼び出す

　サブクラスの中でスーパークラスのメソッドを利用したい場合は次のように記述します。

書式

```
super.メソッド名(引数)
```

```
class AirCar extends Car {
 fly() {
  this.#altitude += 5000;   // 高度を上げて浮上する
  super.run();              // (空中を)走る
 }
 land() {
  this.#altitude = 0;       // 高度を下げて着陸する
  super.stop();             // (陸上で)停止する
 }
}
```

Point! スーパークラスとサブクラスのメソッドを区別する
スーパークラスのメソッドはsuper.メソッド名(…)、サブクラスのメソッドはthis.メソッド名(…)と記述して区別します。

super(…)を呼び出す順番に注意

スーパークラスのコンストラクタを呼び出すよりも先にサブクラス自身にアクセスするとエラーになります。スーパークラスのコンストラクタを呼び出してからthisでサブクラスを操作しましょう。

```
class AirCar extends Car {
  #altitude; // 高度
  constructor(speed = 0, altitude = 0) {
    this.#altitude = altitude;
    // 間違った記述（実行時エラーになる）
    super(speed);
  }
}
const car = new AirCar(); // => エラー！
```

```
class AirCar extends Car {
  #altitude; // 高度
  constructor(speed = 0, altitude = 0) {
    // 正しい記述
    super(speed);
    this.#altitude = altitude;
  }
}
const car = new AirCar();
```

クラスの使用例

ゲームの主人公と対戦相手

　ここまでの学習内容を使って、簡単なロールプレイングゲームを作ってみましょう。ルールは次の通りです。

　あなたはゲームの主人公（Player）、対戦相手はドラゴン（Dragon）です。図の青色がプロパティ、ピンク色がメソッドです。攻撃メソッドは攻撃力の値だけ相手の体力を減らします。主人公は30％の確率で回復メソッドを使って体力を6回復します。順番に行動して先に体力が尽きたほうが負けです。あなたはドラゴンに勝てるでしょうか？

簡易ロールプレイング

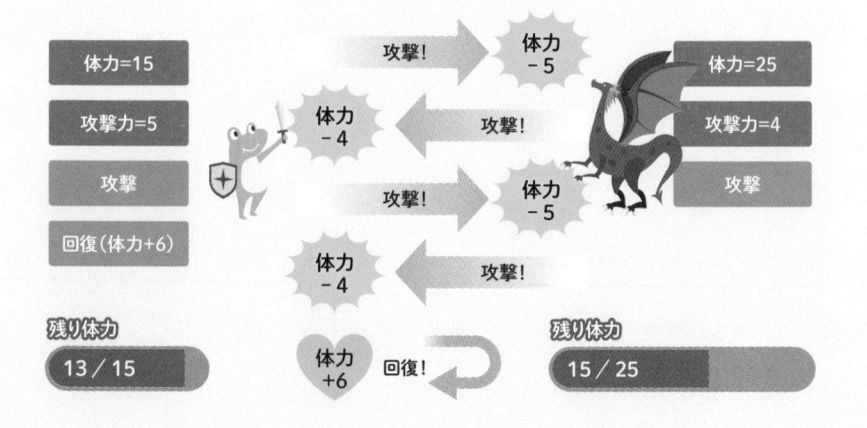

主人公クラスを作ろう

プロパティは#で隠蔽してコンストラクタで初期化しましょう。

```javascript
// 主人公クラス
class Player {
 #energy; // 体力
 #power; // 攻撃力
 // コンストラクタ
 constructor(energy, power) {
  this.#energy = energy;
  this.#power = power;
 }
 // アクセサ
 get energy() {
  return this.#energy;
 }
 set energy(energy) {
  this.#energy = energy;
 }
 get power() {
  return this.#power;
 }
 set power(power) {
  this.#power = power;
 }
 ・・・続く・・・
}
```

次に、攻撃と回復のメソッドを実装しましょう。

```javascript
// 主人公クラス
class Player {
・・・続き・・・
// 攻撃
attack(enemy) {
  if (Math.random() < 0.3) {
    // 30％の確率で体力を6回復
    this.#heal(6);
  } else {
    // それ以外の場合、攻撃して相手の体力を減らす
    enemy.energy -= this.power;
    console.log(this.power + "のダメージを与えた！");
  }
}
// 体力回復
#heal(recovery) {
  this.energy += recovery;
  console.log(recovery + "回復した！");
}
}
```

　攻撃すると、自分の強さの数値だけ相手の体力を減らします。そのため、attackメソッドに「相手が誰なのか」を教えるため引数で相手（PlayerまたはDragon）のインスタンスを渡し、相手のアクセサを使って相手の体力を減らします（オブジェクト同士の相互作用）。

　体力回復のhealメソッドに#をつけていることに注目です。heal
はPlayerクラスだけが使えるメソッドなので、クラス外部からアク
セスできないように隠蔽します。

ドラゴンクラスを作ろう

　主人公クラスを継承してドラゴンクラスを作りましょう。

```javascript
// ドラゴンクラス
class Dragon extends Player {
 // コンストラクタ
 constructor(energy, power) {
  super(energy, power);
 }
 // 攻撃
 attack(enemy) {
  enemy.energy -= this.power;
  console.log(this.power + "のダメージを与えた！");
 }
}
```

　ドラゴンも主人公と同じプロパティを持つので、プロパティの初
期化はスーパークラスのコンストラクタに任せます。ドラゴンは回
復をしないので、サブクラス側でattackメソッドを再定義します。
青文字のプロパティはスーパークラスで#をつけて隠蔽しているので
サブクラスからアクセスできません。そのためアクセサ（ゲッター）
を経由してアクセスしています。

ゲームを実行するメインプログラムを作りましょう。

```
// 主人公とドラゴンのインスタンスを生成
const player = new Player(15, 5);   // 体力:15、攻撃力:5
const dragon = new Dragon(25, 4); // 体力:25、攻撃力:4
// どちらかの体力が尽きるまで戦う
while (player.energy > 0 && dragon.energy > 0) {
  // 主人公の行動
  console.log("あなたの攻撃！¥n");
  player.attack(dragon);
  if (dragon.energy <= 0) {
    console.log("ドラゴンを倒した！");
    break;
  }
  // ドラゴンの行動
  console.log(" ドラゴンの攻撃！¥n");
  dragon.attack(player);
  if (player.energy <= 0) {
    console.log("ドラゴンに敗れた！");
    break;
  }
}
```

交互に攻撃を行い、相手の体力が尽きたらwhileループを抜けてプログラムを終了します。あなたはドラゴンに勝てるでしょうか？

ゲームを実行しよう

　Playerクラスと Dragonクラスに続けてメインプログラムを記述し
たjsファイルをhtmlに読み込んで実行してみましょう。Chromeな
ら右上のボタンから「その他のツール」＞「デベロッパーツール」を選
び、開いたウィンドウの上部にある「Console」を選ぶと、コンソー
ルが表示されます。

コンソールのログ

あなたの攻撃！
5のダメージを与えた！
ドラゴンの攻撃！
4のダメージを与えた！
あなたの攻撃！
5のダメージを与えた！
ドラゴンの攻撃！
4のダメージを与えた！
あなたの攻撃！
6回復した！
ドラゴンの攻撃！
4のダメージを与えた！

あなたの攻撃！
5のダメージを与えた！
ドラゴンの攻撃！
4のダメージを与えた！
あなたの攻撃！
5のダメージを与えた！
ドラゴンの攻撃！
4のダメージを与えた！
あなたの攻撃！
5のダメージを与えた！
ドラゴンを倒した！

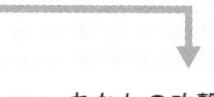

なんとか倒せた！

　ドラゴンは強いので、回復が間に合わないと負けてしまいます。
何度か挑戦すれば確率で勝てるので、ぜひやってみてください。

オブジェクト指向プログラミング

　関連するデータと操作をまとめることを**カプセル化**と呼び、オブジェクト
を組み合わせてプログラムを記述する手法を**オブジェクト指向プログラミン
グ**と呼びます。一方、順接・分岐・反復の三つの制御フローで組み立てる手
法を**構造化プログラミング**と呼びます。

プログラミングパラダイムの違い

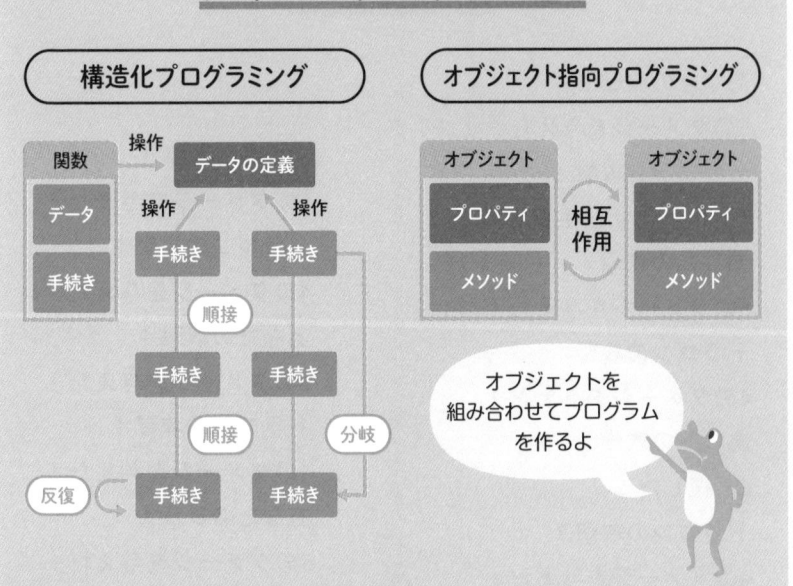

　関数と変数だけで機能が提供される構造化プログラミングは、使う側のプ
ログラマに多大な労力を強いることになります。オブジェクト指向プログラ
ミングは、使う側のプログラマがオブジェクトの内部を全て把握しておく必
要がありません。開発の規模が大きくなるほどオブジェクト指向プログラミ
ングのアドバンテージは大きくなります。

Chapter

04

↓

制御構文を学ぼう

ES6とは?

🐸 開発効率が飛躍的に向上したJavaScriptの言語仕様

　JavaScriptの言語仕様はECMAScript（エクマスクリプト）といい、2015年に公開されたES2015（通称ES6）で大幅な仕様変更が行われました。2015年以前のES5でJavaScriptを学んだ人にとって全く別の言語に見えるほど大きく変わりました。その後は毎年改定が行われており、最新版はES13（2022年6月公開）です。

　ES6以降（ES6+と表記）で追加された仕様には、開発をラクにするための便利なものが多く、フロントエンド開発に携わる人にとって必須のスキルといっても過言ではありません。

ECMAScriptの進化

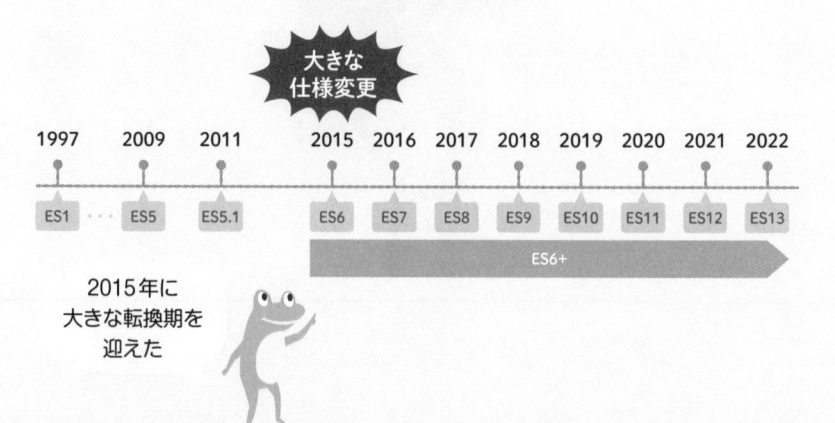

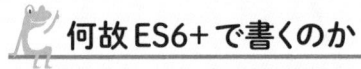 何故 ES6+ で書くのか

ES5以前のJavaScriptはホームページにちょっとした動きを加える程度の使い方が主流でしたが、ウェブアプリが普及してフロントエンド開発でJavaScriptが中心的な役割を果たすようになると、ES5は使い勝手がよくない過去の産物になっていきました。そのような背景から策定されたES6+でプログラムを書くことは、開発効率や保守性の向上に貢献します。

本書で扱う ES6+ の主要な構文

キーワード	概要
クラス	クラスが使えるようになる（Chapter03 ☞60ページ）
変数 / 定数	データの保守性が向上する
テンプレートリテラル	文字列の中で変数や式が使用可能
アロー関数	関数定義を簡潔に書ける
配列の操作	いろんな関数が追加された
分割代入	まとめて代入がしやすくなった
スプレッド構文	配列の初期化やコピーが便利になった
非同期関数	非同期処理が書きやすくなった

Point! ES6+ を学ぶ5つの理由
・便利な機能や構文が追加されたから。
・従来よりも簡潔な構文で記述できるから。
・今学んでもすぐに廃れる（使えなくなる）心配がないから。
・ES6+で書かれたプログラムを理解できるようになるから。
・主要な構文や機能だけなら学習コストはそれほど高くないから。

変数と定数の書き方

letとconst

ES6+では変数宣言にlet、定数宣言にconstキーワードを使います。letは従来のvarと似ていて再代入可能ですが、constは再代入するとエラーになります。

書式

```
let color = "red";

color = "blue";

const car = new Car("軽トラック");

car = new Car("消防車"); // => エラー！
```

letのほうが汎用性が高そうだという理由で、何でもletを使うのは好ましくありません。むしろ、再代入する必要がないものはconstを使い、再代入する必要があるものだけletを使うほうがプログラムの保守性は高まります。

Point! 🐸 letとconstの使い分け
原則はconstを使い、再代入する必要があるものだけletを使いましょう。

もうvarは使わない

ES5ではvarが使われてきましたが、varはスコープが広いので、意図しない書き換えが発生する可能性があります。

スコープの違い

```
var apple = 'りんご';
～～処理～～
if (条件式) {
  var apple = '米国のIT企業です';
  ～～処理～～
}
console.log(apple); // => 米国のIT企業です（期待と違う！）


let apple = 'りんご';
～～処理～～
if (条件式) {
  let apple = '米国のIT企業です';
  ～～処理～～
}
console.log(apple); // => りんご（期待どおり！）
```

varは関数スコープなので、if文の中で再宣言すると値が書き換わってしまいます。let,constはブロックスコープなので、if文の中で再宣言してもif文の外のappleは影響を受けません。また、varは同じスコープ内で再宣言が可能ですが、let,constは再宣言するとエラーになるので、誤って再宣言してしまうことを防止できます。プログラムの安全性のためにも、varは使わずlet,constを使いましょう。

関数の表記（アロー関数）

 アロー関数とは?

　ES6+ で追加されたアロー関数は、ES5以前から使われていた関数定義をよりシンプルな書式で記述できるように拡張された構文です。書式だけでなく、いくつかの点でプログラムの挙動が異なります。

　まずは簡単な例として文字列を出力する関数を見ていきましょう。

従来の関数とアロー関数

```
// 従来の関数定義
function hello() {
  console.log("Hello");
}

// アロー関数
const hello = () => console.log("Hello");
```

　関数であることを表すキーワードfunctionがなくなり、引数を入れる()が「=」と「=>」に挟まれた奇妙な形をしています。これのどこが関数なのか、理解に苦しむのではないでしょうか？　順番に紐解いていきましょう。

JavaScriptでは**関数もオブジェクトの一種**なので、hello関数は次のように書き換えることができます。

関数オブジェクトを変数に代入する

```javascript
const hello = function () {
  console.log("Hello");
};
// 関数を実行する
hello(); // => "Hello"
```

つまり、helloという定数にfunction(){処理}というオブジェクトを代入しているのです。このオブジェクトには名前がないので無名関数と呼びますが、helloに代入することでhelloという名前がつきます。そして、この名前を使ってhello()と記述すると関数が実行されます。これがES5以前から使われていた関数定義の正体です。アロー関数は、これを短縮する表記法です。

● キーワードfunctionの省略

アロー関数ではキーワードfunctionを省略します。

functionの省略

```javascript
// まだ未完成！変形の途中です！
const hello = () {
  console.log("Hello");
}
```

● アロー演算子「=>」の追加

引数を入れる()と関数の本体{…}の間にアロー演算子「=>」を記述します。

アロー演算子「=>」の追加

```javascript
// とりあえず変形終了！実はもう少し短縮できる…
const hello = () => {
  console.log("Hello");
}
```

これでアロー関数に変形できました。実は、もう少しだけ短縮することができます。

● { }の省略

関数の処理が1行だけで済む場合に{ }を省略できます。

{ }の省略

```javascript
// { }の省略には別の意味もある…
const hello = () => console.log("Hello");
```

また、アロー演算子の後ろで改行して見やすくできます。

改行によるフォーマット例

```javascript
const hello = () =>
  console.log("Hello");
```

● returnの省略

{ }を省略した場合、式の値をreturnしたことになります。たとえ
ば今日の日付を返すtoday関数は次のように記述できます。

戻り値を返す関数

```
// 従来の関数定義
function today() {
  return new Date();
}
// アロー関数
const today = () => new Date(); // => 日付を return する
```

戻り値を返さないのではなく、returnの記述が省略されただけで
す。

オブジェクトを返す関数

リテラル（ベタ書きしたコード）としてオブジェクトを返す場合、
{ }を省略せずに()で囲まなければなりません。

オブジェクトを返す関数

```
// 正しい表記
const apple = () => ({ color: "red" });
// 間違った表記
const apple = () => { color: "red"; };
```

オブジェクトを表す{ }と関数の処理範囲を表す{ }が同じ記号なの
で、区別のために()で囲むことになっています。

🐊 引数の扱い

引数を受け取る関数は次のようになります。

引数を受け取る関数

```
// 従来の関数定義
function add(a, b) {
  return a + b;
}
// アロー関数
const add = (a, b) => a + b; // => a + b を return する
```

● 引数が1個の場合

ただし、引数が1個だけの場合は特別に()も省略できます。

引数が1個の関数

```
// 従来の関数定義
function double(x) {
  return x * 2;
}
// アロー関数
const double = x => x * 2; // => x * 2 を return する
```

このような記述を見かけたら、「double関数は、引数xを2倍した値を返す」と読みます。本書では、引数が1個の場合でも()を省略せずに記述します。

デフォルト引数

　ES6+では、引数を省略して関数を呼び出した場合の既定値を定義することができます。3個までの数を合計できる関数を作ってみましょう。

デフォルト引数を持つ関数

```
// 従来の関数定義
function sum(a, b, c = 0) {
  return a + b + c;
}
// アロー関数
const sum = (a, b, c = 0) => a + b + c;
```

関数の実行例

```
console.log(sum(3, 2));    // => 5
console.log(sum(1, 4, 2)); // => 7
```

> Point! デフォルト引数の順番
> 既定値を持つ引数は、既定値を持たない引数よりも後（右側）に配置しましょう。もし引数の順番を「a = 0, b, c」にしてsum(3,2)を実行すると、aに3、bに2が入り、cにはundefinedが入るので、関数が実行された時点でエラーになります。

残余引数

残余引数はES6+で追加された構文で、個数が決まっていない（任意の個数の）引数を配列として受け取ることができる機能です。

引数の中から最大値を求める関数

```
// 従来の関数定義
function max(...x) {
  return Math.max(...x);
}
// アロー関数
const max = (...x) => Math.max(...x);
```

関数の実行例

```
console.log(max(3, 2, 5));      // => 5
console.log(max(1, 6, 9, 7, 8)); // => 9
```

残余引数を使えば、引数の個数だけが異なる関数をいくつも定義しなくて済みます。

任意の個数の数値を求める関数

```
// いくつでも合計できる関数
const sum = (...x) => {
  let total = 0;
  x.forEach((e) => (total += e)); // forEachは114ページ参照
  return total;
};
console.log(sum(1, 2, 3));       // => 6
console.log(sum(1, 2, 3, 4, 5));  // => 15
```

関数内のthisが指すもの

　従来の関数内のthisは、関数がどこから呼び出されたかによって何を指すかが変わりますが、アロー関数内のthisは関数が宣言された場所で決まります。

アロー関数はthisの内容を束縛する

```
// 従来の関数定義
function funcA() {
  console.log(this);      ┌─────────────────────┐
}                          │ thisはまだ決まっていない │
                           └─────────────────────┘
// アロー関数              ┌───────────────────────┐
                          │ thisはこの時点で決まっている │
                          └───────────────────────┘
const funcB = () => console.log(this);
const obj1 = {
  func: funcA, // this は obj1 オブジェクトを指す
};
const obj2 = {
  func: funcA, // this は obj2 オブジェクトを指す
};
const obj3 = {
  func: funcB, // this は Window オブジェクトを指す
};
```

　funcAもfuncBもグローバルスコープで宣言した関数ですが、funcAはどのオブジェクトから呼び出すかによって関数内のthisが変わります。一方、funcBは宣言した時点でのthisがWindowオブジェクトを指すので、どのオブジェクトから呼び出してもthisはWindowオブジェクトのまま変わりません。このことを「束縛」と呼びます。

配列の操作

 配列の操作に役立つ豊富なメソッド

　ES6+ には配列の操作に役立つメソッドが豊富に揃っています。こ
れらを利用すると、自分で同じ内容の処理を書くよりもコードが格
段に短くなり、視認性と開発効率がアップします。

配列を操作する主なメソッド

メソッド	説明	破壊
push	配列の末尾に1つ以上の要素を追加し、追加後の要素数を返す	!
pop	配列の末尾から要素を1つ削除し、その要素を返す	!
shift	配列の先頭から要素を1つ削除し、その要素を返す	!
unshift	配列の先頭に1つ以上の要素を追加し、追加後の要素数を返す	!
slice	指定した範囲の配列要素からなる新しい配列を返す	
join	指定した文字で配列要素を連結した文字列を返す	
reverse	配列要素の並び順を逆転させる	!
fill	指定した範囲にある配列要素を、指定した値に一括で変更する	!
from	配列のような反復可能な性質をもつデータを元に新しい配列を作成して返す	
includes	指定した要素が配列に含まれるかどうかを返す	
some	関数で指定した条件を満たす要素が配列の中に1つ以上あるかどうかを返す	
forEach	配列の各要素に対して、指定した関数を実行する	
find	配列の中から、関数で指定した条件を満たす最初の要素を返す	
findIndex	配列の中から、関数で指定した条件を満たす最初の要素の位置を返す	

filter	配列の中から、関数で指定した条件を満たす要素だけを集めた 新しい配列を作成して返す	
sort	指定した関数によって配列要素の位置を並べ替える	!
map	配列の各要素に対応した別の要素を生み出し、それらからなる 新しい配列を作成して返す	

　これが全てではありません。JavaScriptの言語仕様（ECMAScript）は進化し続けているので、まだ一部のブラウザがサポートしていないメソッドもあります。ここでは本書のゴールであるカードゲームの作成に使用するものだけを解説していきます。それ以外のメソッドや最新の情報が必要になったときは公式リファレンスを検索しましょう。

＜参考URL＞MDN（Mozillaの公式ウェブサイト）
https://developer.mozilla.org/ja/docs/Web/JavaScript/Reference/Global_Objects/Array

＼Column／

破壊的・非破壊的メソッド

　左ページの表の中で「!」マークがついたメソッドは、実行すると元の配列に影響が出るものです（要素数や順番が変わるなど）。そのようなメソッドを**破壊的**と呼び、そうでないメソッドを**非破壊的**と呼びます。

　たとえばsortメソッドを実行すると配列要素がソートされて（順番が変わって）しまうので、元の配列を残したままにしたい場合は、メソッドを実行する前に配列を別の変数にコピーしておくといった配慮が必要です。

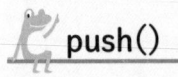 **push()**

pushメソッドは、引数で指定した要素を配列の末尾に追加し、追加後の要素数を返します。引数は可変長なので、まとめて2つ以上の要素を追加できます。

```
Array.push(追加する要素, 追加する要素,,,,)
```

待ち行列

```javascript
const list = ["山田", "鈴木", "田中"];
// お客さんがもう一人きた
list. push("本田");
// リストは今どうなっている？
console.log(list); // => ["山田", "鈴木", "田中", "本田"]
```

pushのイメージ

間に合った

push

末尾に追加

配列の末尾に要素
を追加するよ

pop()

popメソッドは、配列の末尾から要素を1つ取り出して返します。取り出した要素は配列の中から削除されるので、その要素を使いたい場合は変数に入れるなどして保持する必要があります。

```
Array.pop()
```

待ち行列

```javascript
const list = ["山田", "鈴木", "田中", "本田"];
// 後ろの人が帰った
const last = list.pop();
console.log(last + "さんが帰った"); // => 本田さんが帰った
```

popのイメージ

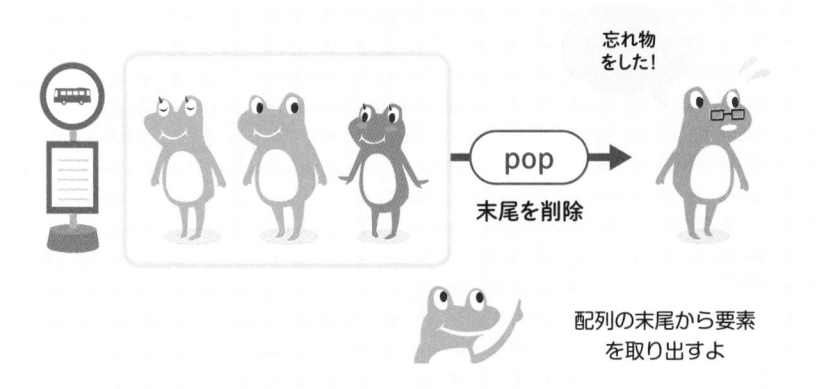

忘れ物
をした!

pop
末尾を削除

配列の末尾から要素
を取り出すよ

🐸 shift()

shift メソッドは、配列の先頭から要素を1つ取り出して返します。取り出した要素は配列の中から削除されます。pop メソッドとの違いは先頭から取り出す点です。

書式

```
Array.shift()
```

待ち行列

```
const list = ["山田", "鈴木", "田中", "本田"];
// 先頭の人の順番がきた
let first = list.shift();
console.log(first + "さんの番です"); // => 山田さんの番です
```

shiftのイメージ

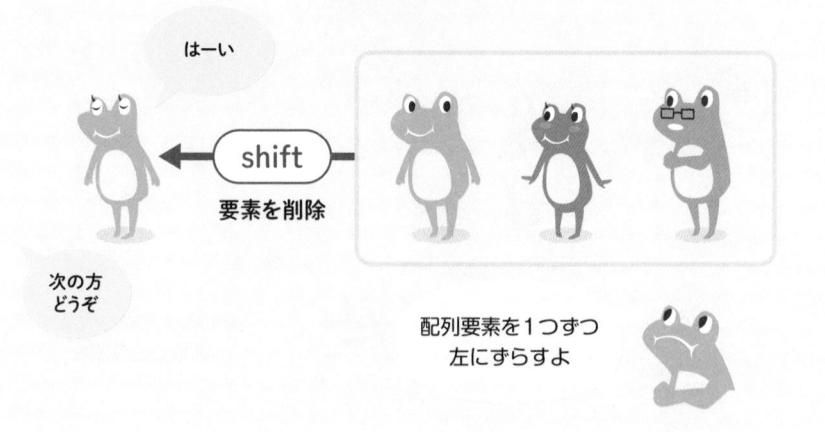

はーい

shift

要素を削除

次の方
どうぞ

配列要素を1つずつ
左にずらすよ

🐸 unshift()

unshift メソッドは、配列の先頭に1つ以上の要素を追加し、追加後の要素数を返します。push メソッドとの違いは先頭に追加する点です。

書式

Array.unshift(追加する要素, 追加する要素,,,,)

順番を譲る

```
const list = ["鈴木", "田中", "本田"];
// 順番を譲る
list.unshift("木村");
// リストは今どうなっている？
console.log(list); // => ["木村", "鈴木", "田中", "本田"]
```

unshift のイメージ

ありがとね　　　　　　　　お先にどうぞ

unshift
先頭に追加

配列要素を1つずつ
右にずらすよ

slice()

sliceメソッドは、指定した範囲（省略時は先頭から末尾までとみなされる）の配列要素からなる新しい配列を生成して返します。配列をコピーしたい場合に便利です（☞109ページ）。

書式

> Array.slice(開始位置, 終了位置)

指定した範囲をコピーする

```
const list = ["山田", "鈴木", "田中", "本田"];
// 先頭から2人目と3人目を新しい配列にコピーする
const center = list.slice(1, 3); // => ["鈴木", "田中"]
```

sliceのイメージ

slice
範囲をコピー

指定した範囲を
コピーするよ

開始位置も終了位置も、先頭を0と数える要素番号です。終了位置にある要素は範囲に含まれず、その直前の要素までが含まれることに注意してください。

join()

joinメソッドは、指定した区切り文字（省略時は「,」とみなされる）で配列要素を連結した文字列を生成して返します。配列を文字列に変換したい場合に使います。

書式

```
Array.join(区切り文字)
```

配列を文字列に変換する

```
const list = ["山田", "鈴木", "田中"];
// 配列を文字列に変換する
const member = list.join("|"); // => "山田|鈴木|田中"
```

joinのイメージ

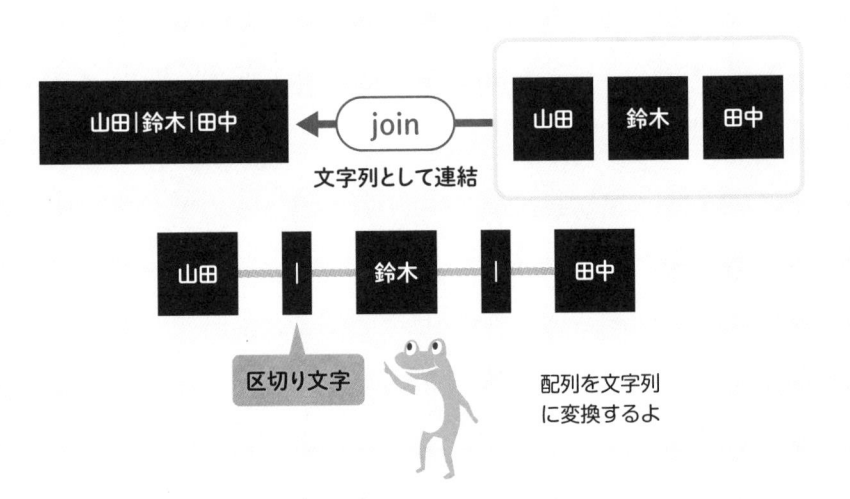

Point! 「新しい配列を返す」の意味

sliceメソッドが返す配列は元の配列とは別なので、コピーした配列center
の中身を書き換えても、コピー元の配列listの内容は変わりません。

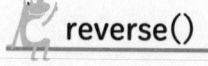 **reverse()**

reverseメソッドは、配列要素の並び順を逆にします。先頭からでหはなく最後尾から順番に操作したい場合に便利です。

```
Array.reverse()
```

カードの並びを逆にする

```
const cards = [2, 3, 1, 4];
cards. reverse();
console.log(cards); // => [4, 1, 3, 2]
```

reverseのイメージ

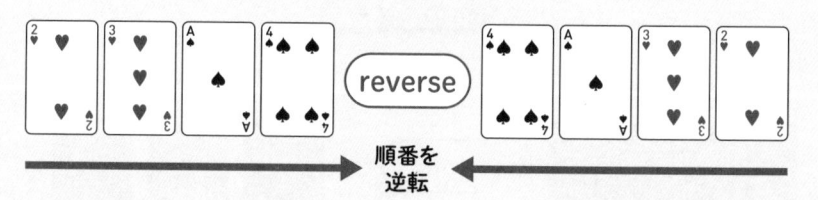

 要素の並び順を
逆にするよ

> Point! 🐊 reverse は破壊的メソッド
>
> reverse は元の配列を変更する(破壊的メソッド)ことに注意しましょう。

\Column/

配列をコピーするには？

　オブジェクトを別の変数に代入するとコピーではなく参照が入ります。そのため、aオブジェクトをbに代入してからbを変更するとaも変わってしまいます。つまりbはaの別名ということになります。JavaScriptの配列はオブジェクトなので、同じ問題が起こります。

　そこで、元の配列を維持したい場合は、sliceやmap（☞119ページ）などといった**「元の配列を直接変更するのではなく、新しい配列を作り出すメソッド」**を利用します。

<u>配列のコピー</u>

```
const cards = [2, 3, 1, 4];
// 中身は変えずに、同じ内容の配列を新しく作り出す
const copy = cards.slice();
//const copy = cards.map((e) => e); ← map も使える
//const copy = Array.from(cards); ← Array.from も使える
// コピー先の配列を変更する操作を行う
copy.reverse();
// コピー先の配列は中身が変わる
console.log(copy); // => [4, 1, 3, 2]
// コピー元の配列は影響を受けない
console.log(cards); // => [2, 3, 1, 4]
```

fill()

fillメソッドは、指定した範囲（省略時は先頭から末尾までとみなされる）にある配列要素に同じ値を設定します。配列の初期化に便利です。

書式

Array.fill(値, 開始位置, 終了位置)

カードの配列を初期化する

```
const cards = new Array(3);
cards.fill(2);           // 全ての要素の値を2にする
console.log(cards);      // => [2, 2, 2]
cards.fill(10, 1, 3);    // 2番目と3番目の値を10にする
console.log(cards);      // => [2, 10, 10]
```

fillのイメージ

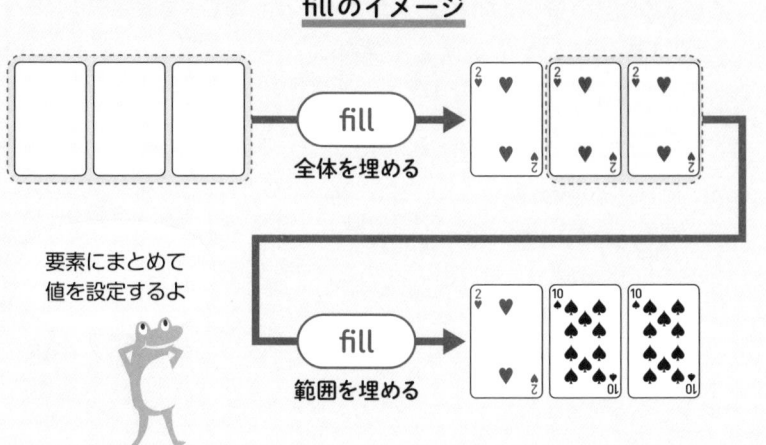

開始位置も終了位置も、先頭を0と数える要素番号です。終了位置にある要素は範囲に含まれず、その直前の要素までが含まれることに注意してください。

 **from()**

　fromメソッドは、反復可能な性質をもつ配列風のオブジェクトの各要素にコールバック関数を適用した結果からなる新しい配列を生成して返します。コールバック関数は省略可能です。

書式

Array.from（配列風オブジェクト, コールバック関数）

値を2倍にした新しい配列を作成する

```
const numbers = [1, 2, 3, 4, 5];
const double = Array.from(numbers, (e) => 2 * e);
console.log(double); // => [2, 4, 6, 8, 10]
```

　コールバック関数を従来の関数で書くと次のようになります。

従来の関数で書いたコールバック関数

```
Array.from(numbers, function (e) {
 return 2 * e;
});
```

　numbersの全ての要素について、要素の値を引数eで受け取るコールバック関数が呼び出され、コールバック関数の戻り値が新しい配列要素の値になります。

> Point! 🐊 from は非破壊的メソッド
> fromメソッドが返した配列の中身を書き換えても、元の配列風オブジェクトの内容は変わりません。

 includes()

includesメソッドは、指定した位置以降（省略時は先頭から検索）に特定の値が含まれるかどうかを返します。for文などで全ての要素を調べなくても済むので便利です。

Array.includes（検索する値 , 検索開始位置)

エース (A) のカードを持っているか判定する

```
const cards = ["2", "4", "A", "10", "3"];
if (cards.includes("A")) {
 console.log("エースを持っています");
}
```

includesのイメージ

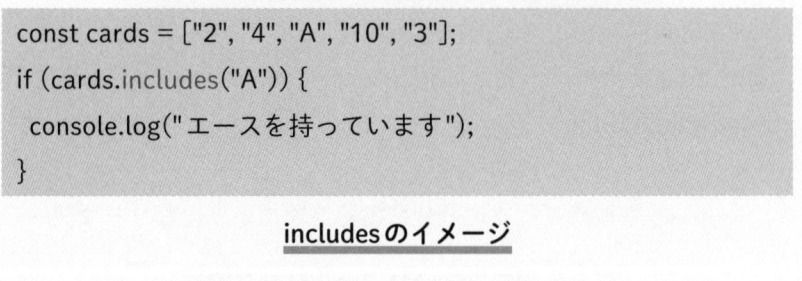

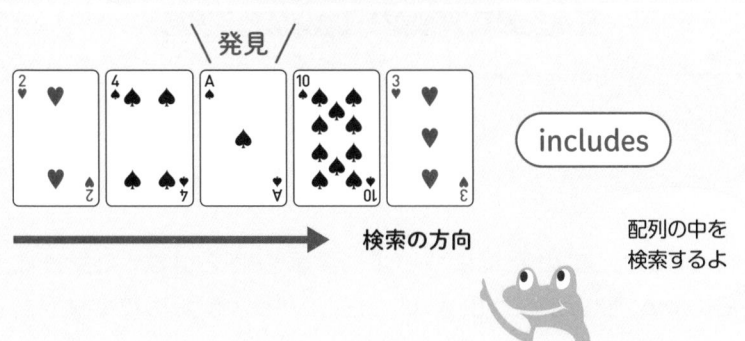

\ 発見 /

検索の方向

includes

配列の中を
検索するよ

includes(["10", "A"])のように複数の値をまとめて検索することはできませんが、将来の仕様変更で可能になることが期待されます。

some()

some メソッドは、配列の各要素に対して1回ずつコールバック関数を呼び出し、少なくとも1つ以上の要素がコールバック関数による判定に合格するかどうかを返します。コールバック関数に渡される要素番号と元の配列は省略可能です。

書式

```
Array.some(コールバック関数(要素, 要素番号, 元の配列))
```

絵柄のカード(J,Q,Kのいずれか)を持っているか判定する

```javascript
const cards = ["2", "J", "A", "10", "K"];
if (cards.some((e) => ["J", "Q", "K"].includes(e))) {
  console.log("絵柄のカードを持っています");
}
```

someのイメージ

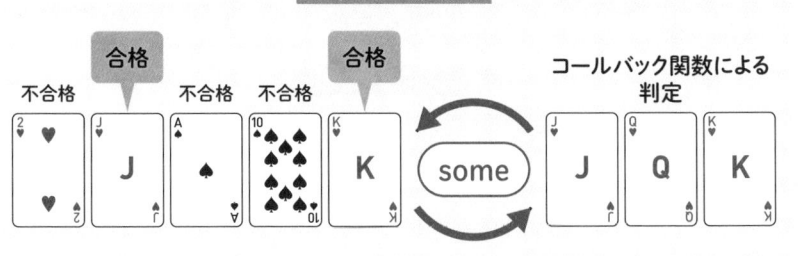

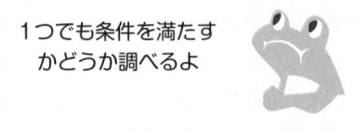

1つでも条件を満たすかどうか調べるよ

この例では、cards の各要素に対して「J,Q,Kのいずれかと一致するかどうか」を判定するコールバック関数を実行しています。

forEach()

forEachメソッドは、配列の各要素に対して1回ずつコールバック関数を呼び出します。コールバック関数に渡される要素番号と元の配列は省略可能です。for文の置き換えによく利用されます。

書式

```
Array.forEach(コールバック関数(要素, 要素番号, 元の配列))
```

forをforEachに置き換える例

```javascript
const cards = ["2", "4", "A", "10", "3"];
// for文だとループカウンタの宣言が必要
for (let i = 0; i < cards.length; i++) {
  console.log(cards[i]);
}
// forEachでスッキリと記述！
cards.forEach((e) => console.log(e));
```

要素番号の使用例

```javascript
const cards = ["2", "4", "A", "10", "3"];
cards.forEach((e, i) => {
  console.log(i + "番目は" + e + "です");
});
```

Point!

for文と違って、forEachのループはbreakで中断することができません。末尾まで繰り返すことが確実な場合にforEachを使いましょう。

 ## find()

　findメソッドは、配列の各要素に対して1回ずつコールバック関数を呼び出し、コールバック関数による判定に合格した最初の要素を返します。コールバック関数に渡される要素番号と元の配列は省略可能です。判定に合格した要素がなければundefinedを返します。

書式

```
Array.find(コールバック関数(要素, 要素番号, 元の配列))
```

エース(A)のカードがあれば取り出す

```
const cards = ["2", "4", "A", "10", "3"];
const ace = cards.find((e) => e === "A");
if (ace === undefined) { /* 見つからなかった */ }
```

　コールバック関数を従来の関数で書くと次のようになります。

従来の関数で書いたコールバック関数

```
cards.find(function (e) {
  return e === "A";
});
// 三項演算子やif文で書いた場合
// return (e === "A") ? true : false;
// if (e === "A") { return true; } else { return false; }
```

> Point! コールバック関数の仮引数「e」とは?
> 配列の各要素がコールバック関数に渡される場合、要素(Element)を短縮してeと表記する慣習があります。

findIndex()

findIndexメソッドは、配列の各要素に対して1回ずつコールバック関数を呼び出し、コールバック関数による判定に合格した最初の要素の位置（0から始まる要素番号）を返します。コールバック関数に渡される要素番号と元の配列は省略可能です。判定に合格した要素がなければ-1を返します。

書式

```
Array.findIndex(コールバック関数(要素, 要素番号, 元の配列))
```

エース（A）のカードの位置を調べる

```javascript
const cards = ["2", "4", "A", "10", "3"];
const index = cards.findIndex((e) => e === "A");
console.log(index); // => 2
```

findIndexのイメージ

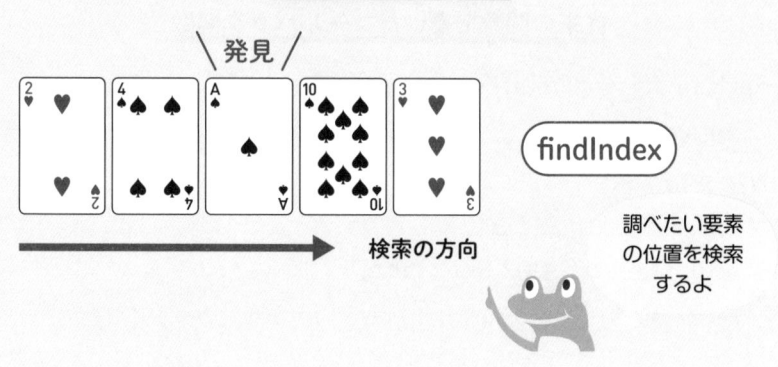

\発見/

findIndex

検索の方向

調べたい要素
の位置を検索
するよ

Point! find と findIndex の使い分け
検索したい要素そのものを取得したい場合はfindメソッドを使います。検索したい要素の位置だけを調べたい場合はfindIndexメソッドを使います。

 **filter()**

filterメソッドは、配列の各要素に対して1回ずつコールバック関数を呼び出し、コールバック関数による判定に合格した要素だけを含む新しい配列を生成して返します。判定に合格した要素がなければ空の配列[]を返します。

書式

> Array.filter(コールバック関数(要素, 要素番号, 元の配列))

緑の食べ物だけを抽出して新しい配列にする

```javascript
const foods = [
 { name: "トマト", color: "red" },
 { name: "ピーマン", color: "green" },
 { name: "さつまいも", color: "purple" },
];
const greenFoods = foods.filter((e) => e.color === "green");
console.log(greenFoods[0].name); // => ピーマン
```

コールバック関数を従来の関数で書くと次のようになります。

従来の関数で書いたコールバック関数

```javascript
foods.filter(function (e) {
 return e.color === "green";
});
```

Point! 🐊 filterは非破壊的メソッド
filterメソッドが返した配列の中身を書き換えても、元の配列の内容は変わりません。

sort()

sortメソッドは、引数で指定した比較関数が返す値に応じて配列要素を並べ替えます。比較関数を省略すると、要素の値を文字列とみなした昇順に並べ替えます。

書式

> Array.sort(比較関数(比較対象a, 比較対象b))

比較関数には比較対象の要素が2つ渡されます（aとb）。比較関数にはaとbの大小を比較する処理を記述し、負の数を返すとaはbよりも前に並びます。正の数を返すとaはbよりも後ろに並びます。

単純なソートの例

```javascript
const numbers = [3, 1, 5, 4, 2];
// 降順（大きい順）にソートする
numbers.sort((a, b) => b - a);
console.log(numbers); // => [5, 4, 3, 2, 1]
// 昇順（小さい順）にソートする
numbers.sort((a, b) => a - b);
console.log(numbers); // => [1, 2, 3, 4, 5]
```

降順ソートの比較関数は、aがbより小さければ正の数を返すのでaはbよりも後ろ（小さいほうが後ろ）に並び、逆にaがbより大きければ負の数を返すのでaはbよりも前（大きいほうが前）に並びます。昇順ソートはその逆なので、比較する式のaとbを逆にします。

> Point! sortは破壊的メソッド
> sortは元の配列を変更する（破壊的メソッド）ことに注意しましょう。

 **map()**

mapメソッドは、配列の各要素に対して1回ずつコールバック関数を呼び出し、コールバック関数が返す値を要素とする新しい配列を生成して返します。コールバック関数に渡される要素番号と元の配列は省略可能です。

書式

> Array.map(コールバック関数(要素, 要素番号, 元の配列))

値に5を加算した新しい配列を作成する

```
const numbers = [1, 2, 3, 4, 5];
const addFive = numbers.map((e) => e + 5);
console.log(addFive); // => [6, 7, 8, 9, 10]
```

mapのイメージ

元の配列

コールバック
関数による
加工

map

新しい配列

新しい配列にマッピングするよ

● map と from の違い

　既存の配列を元にして新しい配列を生成するという点で、mapメソッドはfromメソッドと似ています。以下のコードは全て同じ結果になります。

新しい配列を生成する点では同じ

```
const numbers = [1, 2, 3, 4, 5];
// ①mapを利用
const addFive1 = numbers.map((e) => e + 5);
// ②Array.fromの引数でコールバック関数を利用
const addFive2 = Array.from(numbers, (e) => e + 5);
// コールバック関数を従来の関数で書いた場合
const addFive3 = Array.from(numbers, function (e) {
  return e + 5;
});
// ③Array.fromで配列化してからmapを通す
const addFive4 = Array.from(numbers).map((e) => e + 5);
// コールバック関数を従来の関数で書いた場合
const addFive5 = Array.from(numbers).map(function (e) {
  return e + 5;
});
```

　違いは、fromメソッドが「配列風」のオブジェクトを受け付ける点です。文字列も1文字ずつ結合した配列のようなものとみなせるので、Array.from("Hello")は文字の配列['H', 'e', 'l', 'l', 'o']を返します。

　JavaScriptの配列ではないデータを配列に変換したい場合はfromメソッドを使いますが、配列から新たに別の配列を生成したい場合はどちらを使っても構いません。

\Column/

ループカウンタが欲しいとき

forEachメソッドは、コールバック関数を通して要素番号を受け取ることはできますが、ループカウンタは持っていません（114ページ）。for文のように決まった回数だけ繰り返して新しい配列を生成したい場合、mapメソッドのコールバック関数が第二引数で要素番号を受け取る性質を利用する方法があります。

トランプのカード（全52枚）を生成する

```
// 要素数52の空配列に対してmapメソッドを実行する
// ...はスプレッド構文（☞124ページ）
const cards = [...Array(52)].map((e, i) => {
 // 絵柄（スート）の種類
 const suits = ["spades", "clubs", "hearts", "diamonds"];
 // 数字（ランク）は13ごとに繰り返す
 return {
  rank: (i % 13) + 1,
  suit: suits[Math.floor(i / 13)],
 };
});
```

cardsには、{rank: 1, suit: "spades"}、{rank: 2, suit: "spades"}…{rank: 13, suit: "diamonds"}まで、13個ごとに数字が循環し、13個ごとに絵柄が変わるオブジェクトが52個入ります。新しい配列の要素を生成するために、ループ内で要素番号iを活用する例です。iを使う場合、元の配列要素eが必要なくても(i)のように省略することはできません。そのため、(e, i)ではなく慣習的に(_, i)と記述することがあります。

分割代入

配列に似た書式で変数を別々に代入する

分割代入は、配列に似た書式で代入を簡略的に記述する方法です。

複数の変数にまとめて代入する

```
let [age, gender] = [3, "female"];
```

このコードは、let age = 3; let gender = "female"; と同じ意味です。

オブジェクトのプロパティを個別の変数に代入する

```
const cat = {
  age: 3,
  gender: "female",
};
let { age, gender } = cat; // オブジェクトの場合は{}で囲む
```

このコードは、let age = cat.age; let gender = cat.gender; と同じ意味です。

Point! 🐛

オブジェクトのプロパティを分割代入する場合は、受け入れる側の変数を{ }で囲むことに注意しましょう。

　右辺のデータが左辺よりも多い場合、余ったデータは破棄されます。次の例では右辺の3つ目（価格）は代入されずに破棄されます。

配列を元にオブジェクトを作る

```
const data = "赤, 青森県, 150"; // 色・産地・価格
const apple = {};          // 空のオブジェクト
[apple.color, apple.area] = data.split(",");
```

　このコードは、apple.color = "赤"; apple.area = "青森県"; と同じ意味です。

 分割代入の使用例

　退避用の変数を使わずに配列要素を交換できます。

2変数の交換処理

```
const numbers = [1, 2, 3];
// 分割代入を使わない方法
const swap = (arr, i, j) => {
 const tmp = arr[i]; // i番目を退避してから
 arr[i] = arr[j];      // i番目にj番目を上書きする
 arr[j] = tmp;         // 退避していた値をj番目に上書きする
}
// 分割代入を使った方法
const swap = (arr, i, j) => {
 [arr[i], arr[j]] = [arr[j], arr[i]];
};
swap(numbers, 0, 1);  // 0番目と1番目を交換
console.log(numbers); // => [2, 1, 3]
```

スプレッド構文

配列やオブジェクトを展開する

スプレッド構文「...」は、配列を要素に、オブジェクトをキーと値のペアに展開します。

```
// 配列を展開して新しい配列に利用する
const drinks = ["お茶", "牛乳"];
const foods = ["パン", ...drinks, "ご飯"];
```

このコードは、const foods = ["パン", "お茶", "牛乳", "ご飯"]; と同じ意味です。

```
// オブジェクトを展開して完全なコピーを作る
const apple = { color: "red", area: "青森県" };
const clone = { ...apple }; // 参照ではなくコピーが代入される
```

このコードは、const clone = { color: "red", area: "青森県" }; と同じ意味です。

プロパティの個数に関係なく、常に短いコードでオブジェクトのコピーが作成できるので便利です。

 ## スプレッド構文の使用例

[...Array(n)]がn個の配列要素を[a,b,c]のように列挙したのと同じ意味になることを利用して、配列を初期化する例を示します。

```
// [0, 0, 0, …中略…, 0, 0] を作成する
const arr1 = [...Array(100)].fill(0);
// [1, 2, 3, …中略…, 99, 100] を作成する
const arr2 = [...Array(100)].map((_, i) => i + 1);
```

異なるオブジェクト同士をスプレッド構文で合成することもできますが、同じ名前のプロパティは後から展開したオブジェクトのプロパティで上書きされます。

リンゴとバナナを合成して架空のフルーツを作ってみましょう。

```
const apple = { color: "red", recipe: "アップルパイ" };
const banana = { color: "yellow", sugar: 25 };
// リンゴとバナナを合成してみよう！
const banapple = { ...banana, ...apple, recipe: "ミックスジュース" };
console.log(banapple);
// => {color: 'red', sugar: 25, recipe: 'ミックスジュース'}
```

赤いリンゴと黄色いバナナを合成しても、オレンジ色にはなりません。後から展開したリンゴのcolorが代入されます。

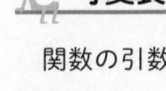 可変長引数の関数

　関数の引数をスプレッド構文にすると、可変長引数を受け取る関数を作ったり、クラスに新しいプロパティを追加したいときコンストラクタの引数を増やす修正をしなくても済みます。

可変長引数を受け取る関数

```javascript
// 平均点を求める関数
const average = (...score) => {
  let total = 0;
  score.forEach((e) => (total += e));
  return Math.floor(total / score.length);
};
average(80, 70, 90, 65, 75); // => 76
average(82, 95, 50, 68, 88, 62, 45, 76); // => 70
```

可変長引数を受け取るコンストラクタ

```javascript
class Dog {
  // 名前以外の引数はargs配列に入る
  constructor(name, ...args) {
    this.name = name;
    [this.age, this.type] = [...args];
  }
}
let myDog = new Dog("ぽち", 4, "ポメラニアン");
console.log(myDog);
// => {name: 'ぽち', age: 4, type: 'ポメラニアン'}
```

Chapter

05

↓

モジュール化

モジュールとは?

アプリケーションを構成する部品

　アプリケーションは機能の集まりです。たとえばネットショップには登録機能・検索機能・購入機能などが備わっています。ひとつひとつの機能をプログラムで実装したものをモジュールと呼びます。モジュールの最小単位はファイルですが、互いに協力して動く複数のプログラムファイル群をまとめたものを指す場合もあります。

アプリケーションはモジュールの集まり

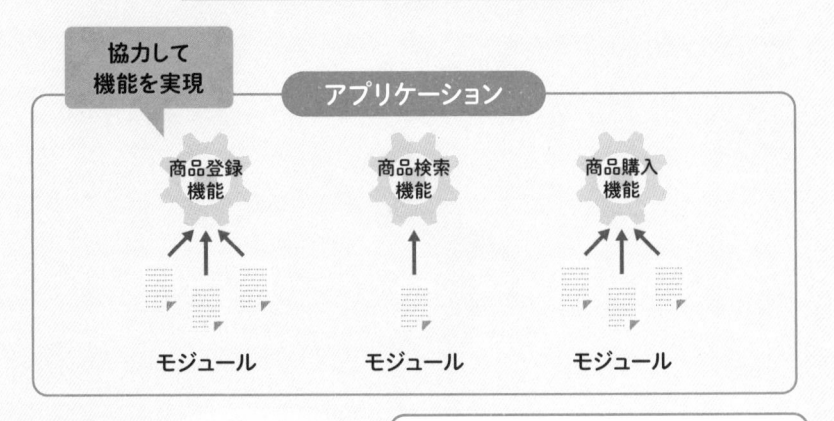

協力して
機能を実現

アプリケーション

商品登録
機能

商品検索
機能

商品購入
機能

モジュール　　　　モジュール　　　　モジュール

アプリケーションは
モジュールの組み合
わせでできている

Point!

モジュールは単独でも動作しますが、
通常は組み合わせて使います。

モジュール分割のメリット

　アプリケーションが備えるべき機能に注目してモジュールを分けると、機能単位で開発することができるので、開発効率の向上に役立ちます。また、機能の入れ替えや追加・削除もしやすくなります。

モジュール単位で開発する

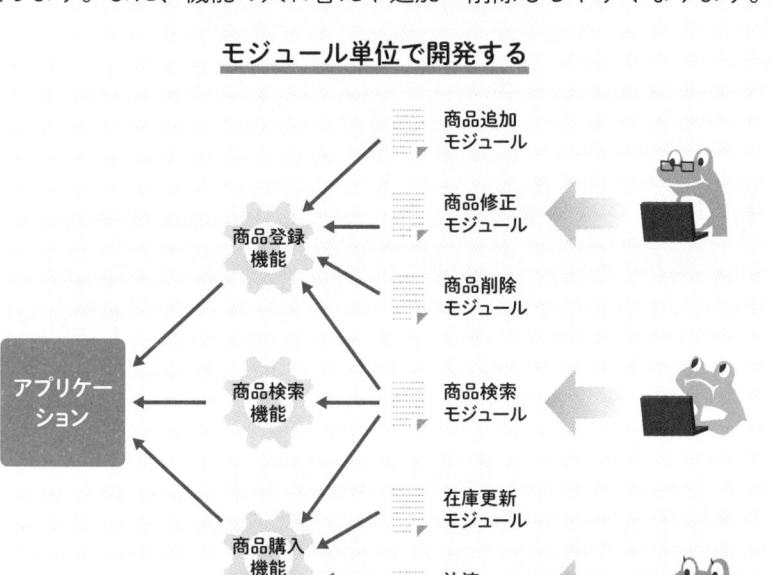

効率よく開発
できるよ！

Point! モジュール分割のメリット

・プログラムの構造が把握しやすくなる

・開発の分担や不具合の原因究明がしやすくなる

・コードの再利用がしやすくなる

モジュールの公開
（エクスポート）

🐸 モジュールの特徴

　JavaScriptのモジュールは「*.js」のファイル名で作成します。通常のjsファイルとの違いは、モジュール内に定義された機能のうち、モジュールを利用するプログラム（外部プログラム）に対して公開（エクスポート）するものを指定することができる点です。

何を公開するかを指定する

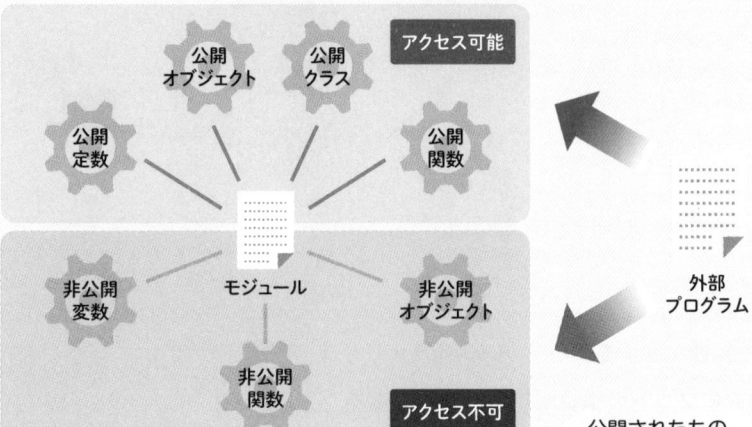

なぜ全てを公開しないの？

　モジュールの内部には、外部プログラムから利用してもらうために作成した機能もあれば、それらのプログラムを合理化するために作成した機能もあります。たとえば、公開関数の処理内容のうち、複雑な部分をいくつかの関数に分割してモジュール内に隠蔽したい場合です。

モジュールの内部でしか使わない機能は公開しない

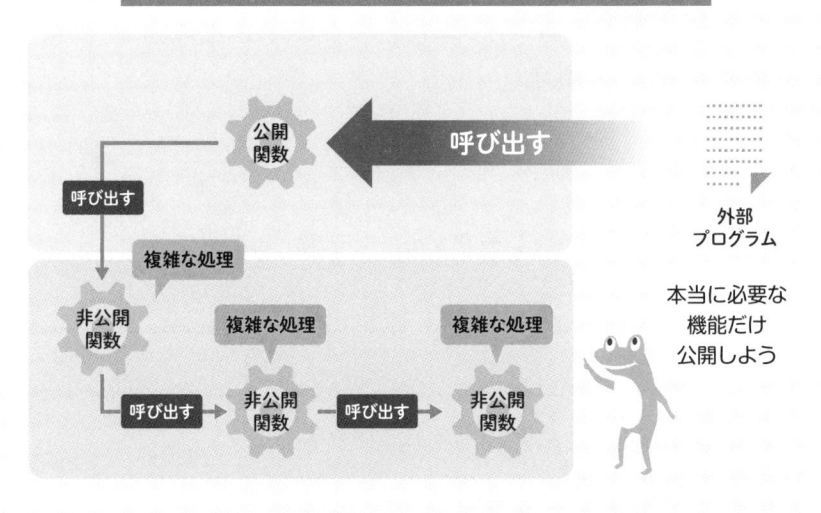

　もしもこれら全てが外部プログラムから参照できてしまうと、外部プログラムの作成者を悩ませてしまいます。「この関数は何のために使うのか？」「このオブジェクトにはどんな情報が格納されているのか？」といったように、モジュールの仕様を詳しく把握しないと正しく使えません。使い方を誤ると、プログラムが誤動作してしまうかもしれません。

　こういった理由から、外部プログラムから利用してもらいたい機能だけを公開します。

機能を公開する基本構文

　公開する機能を指定する方法はいくつかあります。最もシンプルな方法は、通常の変数や関数などの宣言にexportというキーワードを記述する方法です。

```
export const 定数名 = 値;

export let 変数名 = 値;

export function 関数名 (…) {…}

export class クラス名 {…}
```

　事前に宣言された機能をエクスポートするときは、{}で囲みます。

```
export { 機能名 }
```

　では、エクスポートの具体例を見ていきましょう。

● 変数のエクスポート

　変数のエクスポートは次のように行います。

<u>変数のエクスポート</u>

```
export let weather = "今日は晴れです。";
```

　宣言してからエクスポートする場合は次のように記述します。

```
let weather = "今日は晴れです。";
export { weather };
```

● 関数のエクスポート

関数のエクスポートは次のように行います。

関数のエクスポート

```
// ES5 の関数
export function forecast() {
  console.log("今日は晴れでしょう。");
}
```

```
// ES6+ のアロー関数
export const forecast = () => {
  console.log("今日は晴れでしょう。");
};
```

宣言してからエクスポートする場合は次のように記述します。

```
const forecast = () => {
  console.log("今日は晴れでしょう。");
};
export { forecast };
```

　JavaScriptの関数はオブジェクトなので、オブジェクトを代入した変数（定数）をエクスポートすると考えれば、定数のエクスポートと同じです。アロー関数の場合、exportやconstといったキーワードに加えて関数名や「=」「=>」などの演算子がたくさん並ぶので混乱しやすいですが、「通常の宣言の前にexportをつけるだけ」と覚えましょう。

● クラスのエクスポート

クラスのエクスポートは次のように行います。

クラスのエクスポート

```
export class Train {
 run() {
  console.log("発車しまーす！");
 }
 stop() {
  console.log("停車しまーす！");
 }
}
```

宣言してからエクスポートする場合は次のように記述します。

```
class Train {
 run() {
  console.log("発車しまーす！");
 }
 stop() {
  console.log("停車しまーす！");
 }
}
export { Train };
```

● 複数の機能をまとめてエクスポート

1つのモジュールの中に、外部に公開したい機能がいくつもある場合、「,」で区切ることでまとめてエクスポートできます。

書式

```
export { 機能名1, 機能名2, 機能名3}
```

{}を使うのは、132ページの「事前に宣言された機能をエクスポートするとき」に該当するパターンだからです。

次の例は、四則演算（「足し算」「引き算」「掛け算」「割り算」のこと）を行う関数を収録したモジュールから、ひとつひとつの関数をまとめてエクスポートしています（関数はES6+で記述しています）。

複数の機能をまとめてエクスポート

```javascript
// 足し算の関数
const addition = (x, y) => x + y;
// 引き算の関数
const subtraction = (x, y) => x - y;
// 掛け算の関数
const multiplication = (x, y) => x * y;
// 割り算の関数
const division = (x, y) => x / y;
// まとめてエクスポート
export { addition, subtraction, multiplication, division };
```

● 分割代入を利用したエクスポート

　オブジェクトのプロパティのうち、一部のプロパティだけをエクスポートしたい場合、分割代入（122ページ）を使って対象のプロパティを取り出したものをエクスポートすると、コードがシンプルになります。

一部のプロパティだけ取り出してエクスポート

```
const student = {
  name: "山田太郎",
  grade: 3,
  class: 2,
  number: 14,
};

// 名前と出席番号だけ取り出してエクスポートする
export const { name, number } = student;
```

手順を分けて記述した場合

```
const student = {
  name: "山田太郎",
  grade: 3,
  class: 2,
  number: 14,
};

// いったん個別に取り出してからエクスポートしても同じ
const name = student.name;
const number = student.number;
export { name, number };
```

● 名前付きエクスポートと別名

　これまでの例では、モジュール内で定義された機能名を使ってエクスポートしてきました。これを**名前付きエクスポート**と呼びます。詳しくはインポート（☞140ページ）で解説しますが、名前付きでエクスポートした機能を外部プログラムから利用するためには、モジュール側のexport文に使われている機能名と同じ名前を指定する必要があります。

　たとえば電車クラスを、モジュール作成者がTrainではなくDensyaというクラス名で作成し、エクスポート文をexport { Densya }と記述していたらどうなるでしょうか？　これを利用する外部プログラムは、必ずDensyaという名前を使わなくてはなりません。モジュール作成者が決めた名前を使うことを強制されてしまうのです。

　そこで、エクスポートする機能を元の名前ではなく別の名前にしてエクスポートする方法が用意されています。

書式

```
export {機能名 as 別名}
```

　モジュール側でクラス名を修正する必要はなく、エクスポート文をexport { Densya as Train }と修正するだけで済みます。そうすると、外部プログラムはTrainという名前で電車クラスを利用することができます。

　まとめてエクスポートする場合は、別名にしたいものだけasを使います。そのままでよいものはasを使いません。

書式

```
export {機能名1 as 別名1, 機能名2 as 別名2, 機能名3}
```

● デフォルトエクスポート

　公開したい機能を1つだけ含んだモジュールは、別名にdefaultというキーワードを指定してエクスポートすると匿名になり、外部プログラムから利用する際に任意の名前をつけることができます。

書式

> export { **機能名** as default }

　たとえば電車クラスだけを含むモジュールからTrainクラスをエクスポートするには次のように記述します。

宣言してからデフォルトエクスポート

```
class Train {
 run() {
  console.log("発車しまーす！");
 }
 stop() {
  console.log("停車しまーす！");
 }
}
export { Train as default };
```

　こうすると、外部プログラムから機能を利用するとき、任意の名前が使えます（☞146ページ）。モジュール内のexport文を探してTrainという名前を調べなくても、外部プログラムの作成者が好きな名前でモジュールの機能を利用できるので、プログラム的に好ましい形と言えます。

　デフォルトエクスポートを使うモジュールは公開する機能を1つしか含まないことから、宣言と同時にexportするとコードが簡潔になります。その場合の書式はexportの後ろにdefaultをつけます。

書式

```
export default 機能
```

宣言と同時にデフォルトエクスポート

```
export default class Train {
 run() {
  console.log("発車しまーす！");
 }
 stop() {
  console.log("停車しまーす！");
 }
}
```

　モジュールの先頭だけ見れば、「このモジュールを読み込むとTrainというクラスが匿名で利用できるようになる」ということがわかります。

Point! 🐳 export default を使う場面
巨大な関数やオブジェクトなど、モジュールが1つの機能だけを含む場合、モジュールを利用しやすくする（機能名を知らなくても使える）ためにデフォルトエクスポートを使用します。

03

モジュールの読み込み（インポート）

↓

🐸 モジュールを読み込む準備

モジュールを読み込む側のモジュールも「*.js」のファイル名で作成しますが、このファイルをscriptタグを使ってHTMLに組み込むときはtype="module"をつける必要があります。

書式

```
<script type="module" src="□□□.js"></script>
```

また、モジュールの読み込みは外部ファイルへのアクセスに相当するので、ローカル環境（アドレスがfile:///で始まる）ではオリジン間リソース共有エラー（CORSエラー）となり動きません。Chapter01を参考に、XAMPPなどで用意したサーバー環境（http://で始まる）でHTMLページにアクセスしなければなりません。

ローカル環境ではCORSエラーになる

❌ Access to script at '<u>file:///C:/xampp/htdocs/sample/release/app.js</u>' from   <u>index.html:1</u>
origin 'null' has been blocked by CORS policy: Cross origin requests are only supported
for protocol schemes: http, data, chrome, chrome-extension, chrome-untrusted, https.

> Point! 🐊 モジュールを読み込むにはサーバー環境が必要
> モジュールを読み込むにはHTTP(S)通信を必要とします。

モジュールを読み込む基本構文

　モジュールを読み込む（インポートする）には、import文を使います。import文には、利用したいモジュールの場所（絶対パスか相対パス）と、利用したい機能名を指定します。ただし、その機能が名前付きエクスポートとデフォルトエクスポートのどちらで公開されているかによって、機能名を指定する書き方が少し異なります。

　名前付きでエクスポートされた機能を読み込むには次のように記述します。{}をつけないとエラーになるので注意しましょう。

書式

> import { 機能名 } from モジュールの場所

　デフォルトエクスポートされている機能を読み込むには次のように記述します。{}をつけるとエラーになるので注意しましょう。

書式

> import 機能名 from モジュールの場所

> Point! import文の覚え方
> 名前付き機能を読み込むときは{}をつける。
> デフォルトエクスポートの機能を読み込むときは{}をつけない。

● 名前付き機能のインポート

Train という名前でエクスポートされた電車クラスを読み込んで、電車オブジェクトを利用する例を示します。

./lib/train.js

```
// 宣言と同時に名前付きエクスポート
export class Train {…クラスの定義…}
```

または、

```
// 宣言してから名前付きエクスポート
class Train {…クラスの定義…}
export { Train };
```

main.js

```
// Train という名前の機能（クラス）を読み込む
import { Train } from "./lib/train.js";
const train = new Train();
train.run();
```

> Point! {}の書き忘れに注意！
> import Train from … と記述するとエラーになります。

パスの不一致にも注意しましょう。

パスが合わないとエラーになる

❌ GET http://localhost/train.js net::ERR_ABORTED 404 (Not Found)

● 複数の機能をまとめてインポート

名前付きで公開された複数の機能をまとめて読み込むには、export
文の場合と同様に「,」で区切ります。

書式

> import { 機能名 1, 機能名 2, 機能名 3 } from モジュールの場所

多くの計算機能を収録したモジュールから、特定の機能だけ（使い
たい機能だけ）をまとめて読み込む例を示します。

./lib/math.js

```
// 足し算の関数
const addition = (x, y) => x + y;
// 引き算の関数
const subtraction = (x, y) => x - y;
// 掛け算の関数
const multiplication = (x, y) => x * y;
// 割り算の関数
const division = (x, y) => x / y;
// まとめてエクスポート
export { addition, subtraction, multiplication, division };
```

main.js

```
// まとめてインポート
import { addition, subtraction } from "./lib/math.js";
console.log(addition(2, 3));        // => 5
console.log(subtraction(10, 2)); // => 8
```

● 別名でインポート

　読み込みたいモジュールの機能名と、読み込む側のプログラムで宣言する機能名が重なってしまうと、エラーになります。

./lib/card.js

```
// 定数（トランプのカードの枚数）を公開
export const max_card = 52;
```

main.js

```
// トランプのカードの枚数を読み込む
import { max_card } from "./lib/card.js";
let max_card = [1,2,3,4,5].length; // エラーになる！
```

　エラーになる理由は、最初からmain.jsに次のように記述しているのと実質的に同じことになるからです。

main.js

```
const max_card = 52;
let max_card = [1,2,3,4,5].length;
```

　名前の衝突はよくあることです。また、モジュール作成者は自分がふさわしいと思った機能名をつけて公開するので、違う名前に変更することを強要するわけにもいきません。

Point! 🐾 letとconstは再宣言できない
letとconstで宣言済みの名前を再度宣言するとエラーになります（91ページ）。

　このような名前の衝突を回避できるように、importする際の機能名を別の名前に変えて読み込む方法が用意されています。インポートする機能名の後ろにasをつけて別名を指定します。

書式

> import { **機能名** as **別名** } from モジュールの場所

複数の機能をまとめて読み込む場合も同様です。

書式

> import { **機能名1** as **別名1**, **機能名2** as **別名2** } from モジュールの場所

別名を使ってさきほどのエラーを解消してみましょう。

main.js

```js
// トランプのカードの枚数を読み込む
import { max_card as MAX_CARD } from "./lib/card.js";
let max_card = [1,2,3,4,5].length;
// 別々の変数として認識されるのでエラーにならない
console.log(MAX_CARD); // => 52
console.log(max_card);  // => 5
```

　別名のおかげで、モジュールの利用者は自分が使いたい名前をつけなおすことができます。

● デフォルト機能のインポート

1つの機能だけを定義したモジュールからexport defaultで公開された機能には名前がついていないので（138ページ）、読み込む側で名前を指定します。

（138ページ）

> import 機能名 from モジュールの場所

電車クラスを、TrainではなくSubwayというクラス名に置き換えて読み込む例を示します。

./lib/train.js

```
export default class Train {…}
```

main.js

```
import Subway from "./lib/train.js";
const train = new Subway();
train.run();
```

> Point! 🐊 {}をつけるとエラー！
> import { Train } from …のようにデフォルトエクスポートの読み込みに{}をつけるとエラーになります。

こうすると、クラスを利用する側のプログラムにはTrainというクラス名が登場しなくなり、まるで最初からSubwayというクラスがあってそれを利用しているかのように見えます。機能的には何も変わりませんが、trainが地下鉄であることが明確になり、コードの目的がわかりやすくなります。

名前空間を指定してインポート

　同じ名前の機能を持ついくつかのモジュールを併用したいとき、モジュールごとに別名をつけて読み込むのは大変です。

　たとえば、何かを追加するという意味のaddition関数が複数のモジュールで定義されていた場合、名前を分けてインポートすると次のようになるでしょう。

本来の機能名から離れてしまうので混乱の元に…

どちらも同じ名前の関数があるから別名をつけて区別しよう！

> 足し算

```
import { addition as addNumber } from "./lib/math.js";
```

> カードの追加

```
import { addition as addCard } from "./lib/card.js";
```

また同じ名前！
困ったなぁ…

> 車輌の追加

```
import { addition as addTrain } from "./lib/train.js";
```

> 書棚に本を追加

```
import { addition as addBook } from "./lib/bookshelf.js";
```

　こうなると、別名と元の機能名の対応関係がわかりにくくなり、プログラムの可読性が低下してしまいます。できれば、元の機能名は変更せずに、「どのモジュールの機能なのか？」を区別したいところです。

このような場合、次のようにしてモジュール全体を読み込みます。

import * as モジュール名 from モジュールの場所

そして、モジュール内の機能を利用する場面では、機能名の前に
モジュール名を「.」でつなぎます。

モジュールごとに機能が区別される

```
import * as math from "./lib/math.js";
import * as card from "./lib/card.js";
import * as train from "./lib/train.js";
import * as shelf from "./lib/bookshelf.js";
console.log(math.addition(1, 1)); // 足し算
console.log(card.addition(3, 2)); // カードの追加
console.log(train.addition(3, 2)); // 車輌の追加
console.log(shelf.addition(3, 2)); // 本の追加
```

　まるでtrainやshelfというオブジェクトのadditionメソッドを呼
び出すような感覚で記述できます。
　こうすると、モジュール名をつけて機能を呼び出さなくてはなら
ないので、名前の衝突を気にする必要がなくなり、なおかつ、元の
機能名をそのまま使えるので、コードの可読性がよくなります。
　この構文では、モジュール名は**名前空間**のような役割をします。

Point! 名前空間とは？
名前空間とは、変数や関数といったプログラムを構成する部品を同じ名
前のグループに入れるスコープのようなものです。

● 実行モジュールのインポート

「機能名 from」を省略してインポートすると、モジュール内に記述されている実行命令が即時実行されます。

書式

import **モジュールの場所**

たとえば、挨拶をする命令を記述したモジュールを読み込んで即時実行するには次のようにします。

./lib/hello.js

```
console.log("こんにちは！");
console.log("またね！");
```

main.js

```
import "./lib/hello.js"; // => こんにちは！またね！
```

これは、main.jsに最初から以下のコードを記述した場合と同じです。

main.js

```
console.log("こんにちは！");
console.log("またね！");
```

関数やクラスの定義ではなく、実行命令のまとまりをモジュール化したものを利用したい場合に使います。

モジュールの使用例

 ドラゴン討伐ゲームの再構築

　Chapter03のドラゴン討伐ゲームのプログラムを、モジュール分割を利用してリファクタリング（内部構造の改善）してみましょう。アプリケーションを構成する機能に注目してモジュールを決めます。

モジュール構成

モジュール	説明
app.js	アプリケーションを起動する制御用のモジュール
main.js	ドラゴン討伐ゲームのメインプログラムを記述したモジュール
player.js	主人公クラスを定義したモジュール
dragon.js	ドラゴンクラスを定義したモジュール
index.html	app.jsを読み込むファイル

モジュール同士の関係

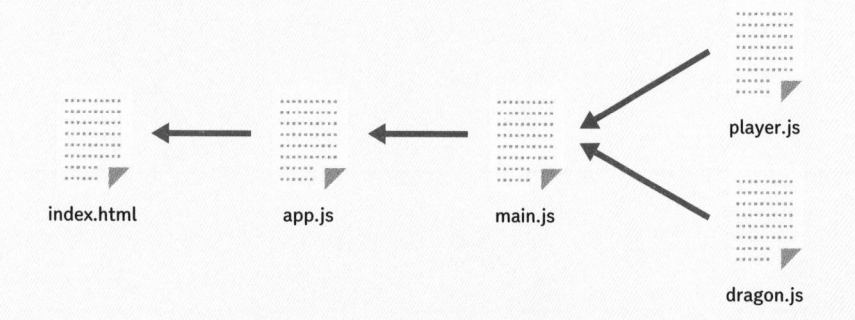

● プレイヤーとドラゴンのモジュール

Playerクラスと Dragonクラス（81 〜 83ページ）をメインプログラム（main.js）から利用できるように、exportします。

player.js

```
// 主人公クラス
export default class Player {
    ・・・クラスの実装は81 〜 82ページと同じ・・・
}
```

dragon.js

```
import Player from "./player.js";
// ドラゴンクラス
export default class Dragon extends Player {
    ・・・クラスの実装は83ページと同じ・・・
}
```

Dragonクラスは Playerクラスを継承するので、dragon.js内で player.jsをインポートして Playerクラスの定義を読み込んでおくことに注意しましょう。

Point! 名前付きエクスポートの場合

クラス名を指定して export class Player{…}で公開した場合は、import { Player } from…でインポートします。

● 制御用モジュール（app.js）の作成

84ページのmain.jsは読み込まれるとすぐ実行されますが、メインプログラムをいつ実行するかは制御用モジュール（app.js）に決定権を持たせたほうが、柔軟性が高まります。

そのために、main.jsをクラス化して、ゲームの処理全体をメソッド化します。そうすれば、ゲームを開始したいタイミングでゲームクラスのインスタンスを生成してゲームを開始させることができます。

メインプログラムのクラス名をGame、ゲームを開始するメソッド名をrunとした場合、app.jsは次のようになります。

app.js

```javascript
import Game from "./main.js";

// ゲームのインスタンスを生成する
const game = new Game();

// ゲームを実行する
game.run();
```

こうすれば、メインプログラムを全く別のゲームに入れ替えたとしても、制御用モジュール（app.js）の役割は一切変わりません。また、ユーザーが画面のボタンを押したらゲームが開始するようにしたい場合も、メインプログラムを修正するのではなくapp.jsを修正して制御を変えれば済みます。メインプログラムの内容と、メインプログラムを開始するタイミングの制御を、それぞれ別々のモジュールが責任を持つ形になります。ゲームの内容に関係のないapp.jsを導入する理由はここにあります。

● メインプログラム（main.js）の作成

メインプログラムはPlayerクラスとDragonクラスを利用するので、player.jsとdragon.jsをimportします。また、制御用モジュール（app.js）から利用できるようにクラス化してexportします。

main.js

```javascript
import Player from "./player.js";
import Dragon from "./dragon.js";
// ゲームクラス
export default class Game {
  // コンストラクタ
  constructor() {
    // 主人公とドラゴンのインスタンスを生成
    this.player = new Player(15, 5);    // 体力:15、攻撃力:5
    this.dragon = new Dragon(25, 4); // 体力:25、攻撃力:4
  }
  // ゲーム開始
  run() {
    // どちらかの体力が尽きるまで戦う
    while (this.player.energy > 0 && this.dragon.energy > 0) {
      // 主人公の行動
      console.log("あなたの攻撃！¥n");
      this.player.attack(this.dragon);
      if (this.dragon.energy <= 0) {
        console.log("ドラゴンを倒した！");
        break;
      }
      // ドラゴンの行動
```

```
    console.log("ドラゴンの攻撃！¥n");
    this.dragon.attack(this.player);
    if (this.player.energy <= 0) {
      console.log("ドラゴンに敗れた！");
      break;
    }
   }
  }
 }
}
```

　84ページのmain.jsをクラス化するポイントは、PlayerとDragon
のインスタンスを、モジュール内のローカル定数からクラス内のプ
ロパティに変更する点です。これらのインスタンスはGameクラス
内で使用するので、Gameクラスのコンストラクタで生成します。そ
れに伴って、インスタンスを参照する箇所は全てthis.player、this.
dragonのようにthisをつけます。

　また、ゲームの内容はrunメソッドに収納して、このメソッドが呼
び出されたらドラゴンとの闘いが始まるようにします。

● index.htmlの作成

　プログラムのエントリーポイント（開始点）となるapp.jsを読み込
みます。app.jsはモジュールなのでtype="module"が必要です（☞
140ページ）。

app.jsの読み込み

```
<script type="module" src="app.js"></script>
```

ゲームを実行しよう

作成したファイルをXAMPPのhtdocs¥game¥に置いてローカルサーバーを起動し、ブラウザでhttp://localhost/game/にアクセスしてみましょう。コンソールの画面（Chromeなら右上のボタンから「その他のツール」＞「デベロッパーツール」を選び、開いたウィンドウの上部にある「Console」を選ぶ）にログが出力されていれば成功です。

コンソールのログ

あなたの攻撃！
5のダメージを与えた！
ドラゴンの攻撃！
4のダメージを与えた！
あなたの攻撃！
5のダメージを与えた！
ドラゴンの攻撃！
4のダメージを与えた！
あなたの攻撃！
6回復した！
ドラゴンの攻撃！
4のダメージを与えた！

あなたの攻撃！
5のダメージを与えた！
ドラゴンの攻撃！
4のダメージを与えた！
あなたの攻撃！
5のダメージを与えた！
ドラゴンの攻撃！
4のダメージを与えた！
あなたの攻撃！
5のダメージを与えた！
ドラゴンを倒した！

うまくいった！

うまくいきましたか？　Chapter07 〜 Chapter08では、この章で学んだ方法を利用してカードゲームを作っていきます。

import関数で動的に読み込む

import関数を使うとscriptタグのtype="module"が不要になります。ま
た、import関数は非同期に実行され、読み込んだオブジェクトをthenメソッ
ドの引数で受け取ります。そのため、読み込み後に行いたい処理はthenメ
ソッドに記述します。

import関数の使用例

```
import("./lib/train.js").then(({ Train }) => {
  const train = new Train();   // 読み込みが終わったら実行
  train.run();
});
```

Point! 静的インポートと動的インポート

import文は、読み込みが終わるまでプログラムが次の行へ進まずに待機す
る静的インポートです。import関数は、読み込みが終わるのを待たずにプ
ログラムが次の行へ進む動的インポートです。大量データのダウンロード
のように時間がかかる機能の読み込みに利用すると、ユーザーは処理の完
了を待っている間に別の操作ができるメリットがあります。import関数を
使いつつも、読み込みを待ってから次の処理を行いたい場合は、上のよう
にthenメソッドを使います。

データの読み込み完了を待たずに次を実行する場合

```
import("./lib/data.js").then(() => {
  alert("読み込み完了"); // 読み込みが終わったら実行
});
○○○○○; // 読み込み完了を待たずに実行
```

↓

ライブラリの作り方

01

ライブラリとは?

よく使う便利機能をまとめたもの

　汎用性が高い複数のプログラムをまとめたモジュールをライブラリ（Library）と呼びます。アプリケーションのメインプログラムだけでなく、他のモジュールからも必要に応じて繰り返し再利用できるのが特徴です。143ページのmath.jsやJavaScriptの組み込みオブジェクトのひとつであるMathオブジェクトはライブラリと呼べます。

ライブラリ

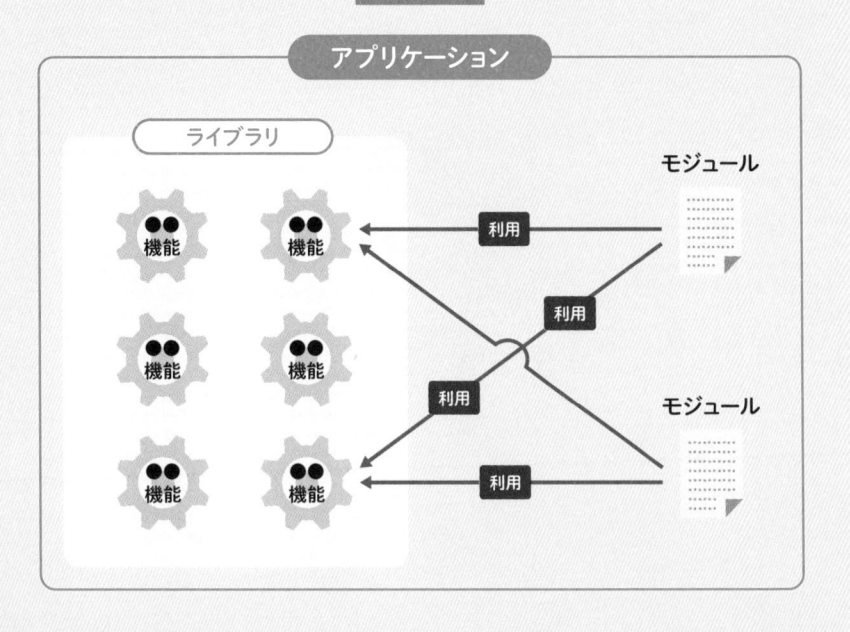

> Point! 🐊 ライブラリの特徴
> ライブラリは、さまざまなプログラムから再利用できる高い汎用性を備えています。

🐊 ライブラリのインポート

　組み込みオブジェクトは何もしなくても利用できますが、自作のライブラリやサードパーティーのライブラリを利用したいときは、import文でライブラリを読み込みます。

　書式は一般的なモジュールを読み込むときと同じです。機能が名前付きで公開されている場合は{}で囲み、asで別名に変更できます。

書式

```
import { 機能名 } from モジュールの場所
import { 機能名 as 別名 } from モジュールの場所
```

　default export されている場合は{}で囲みませんが、別名にする場合は{}で囲みます。

書式

```
import 機能名 from モジュールの場所
import { default as 別名 } from モジュールの場所
```

> Point! 🐊 { default as 別名 } の覚え方
> 実は、default export は "default" という名前付きのエクスポートとみなせます。そのため、別名にしたい場合は名前付きエクスポートと同じように{}で囲みます。

何度も使うコードを
自作関数にしよう

一定時間待つ処理

　ユーザーの操作に反応して処理を行うインタラクティブな機能を実現するためには、処理Aが終わったらすぐに次の処理Bを実行するのではなく、処理Aが終わって一定時間が経過するのを待ってから処理Bの実行が始まる仕組みが欠かせません。

　たとえば前章で作成したドラゴン討伐ゲームは、実行すると一瞬でゲームの処理が終わってしまいますが、お互いが行動を終えてから1秒後に相手が行動すれば臨場感が増すでしょう。

一定時間待ってから次の処理を行う

行動する

🕐 1秒待つ

行動する

🕐 1秒待つ

行動する

処理を待つには
どうすればいいだろう？

指定した時間が経過してから次の処理を行うには、標準関数の setTimeout関数を使う方法が考えられます。

● setTimeout関数を使った実装

処理Aと処理Bを1秒ごとに交互に繰り返す処理を次のように実装するとどうなるでしょうか?

1秒ごとに実行されるかな?

```
処理A () {
  console.log("主人公の行動");
  setTimeout(処理B, 1000);
}
処理B () {
  console.log("ドラゴンの行動");
  setTimeout(処理A, 1000);
}
while (3回繰り返す) {
    処理A (); // 主人公が行動した1秒後にドラゴンが行動?
}
```

「1回目のループ(主人公の行動)→1秒後→ドラゴンの行動→2回目のループ(主人公の行動)→ドラゴンの行動→3回目のループ(主人公の行動)→ドラゴンの行動→ループ終了」の順番で処理が進むことを期待したいところですが、そうはなりません。上のコードだと、1回目のループで処理Aが呼び出されると、その後ずっとB→A→B→A…の連鎖が発生して無限ループに陥ります。

もし仮に無限ループの問題が解決したとしても、上のコードは実際にはA→A→A→1秒後→B→B→B→1秒後→A→A→A→1秒後→B→B→Bの順番で実行されます。なぜでしょうか?

● setTimeoutは非同期に実行される

　その理由は、setTimeoutが非同期に実行される関数だからです。setTimeout(処理B, 1000)は、全ての処理を1秒間停止させてからBを行うのではなく、即座にsetTimeoutの後に記述されている次の処理に進みます。そして、setTimeoutの行が実行されてから1秒経過したタイミングでBが実行されます。言い換えると、setTimeoutを記述したプログラムを実行するスレッドとBを実行するスレッドは同時並行で進んでいきます。このような処理方式を非同期処理と呼びます。

非同期処理はスレッドが分かれる

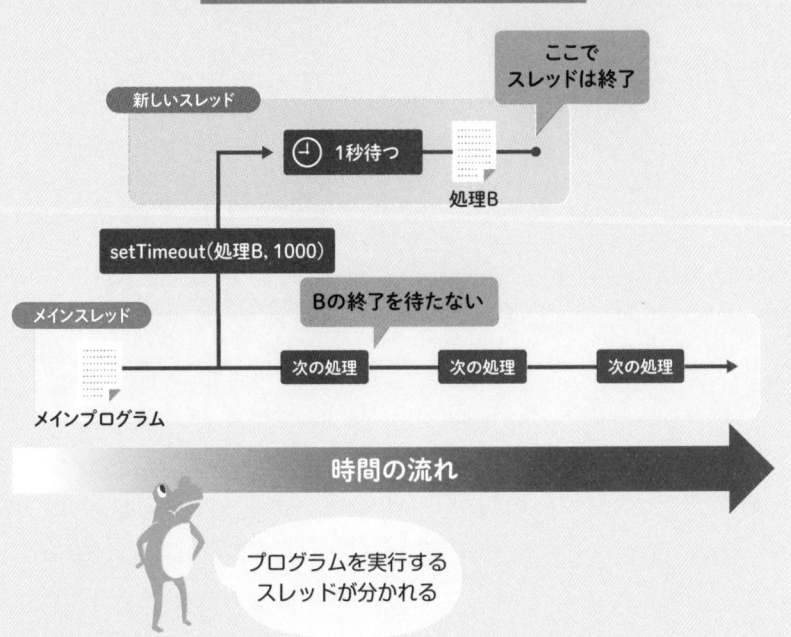

　そのため、前ページのコードではメインスレッドを一定時間停止させることができません。

Promise（プロミス）オブジェクト

　そこで役立つのがPromiseオブジェクトとasync/awaitです。まず
はPromiseの基本的な使い方から見ていきましょう。Promiseオブ
ジェクトは次のようにインスタンスを生成します。

書式

```
new Promise(function(resolve, reject){非同期処理}) // ES5
new Promise((resolve, reject) => {非同期処理})      // ES6+
```

　Promiseのコンストラクタはコールバック関数を受け取ります。
コールバック関数は2つの引数を受け取り、非同期に実行されま
す。受け取る引数もコールバック関数で、その役目からresolve（リ
ゾルブ：解決する）、reject（リジェクト：拒否する）と呼ばれます。
Promiseの非同期処理の中からresolve関数を呼び出すと、その場です
ぐには実行されずに、非同期処理が終わったときにthenメソッドの引
数として呼び出されます。Promiseの非同期処理の中からreject関数
を呼び出すと、非同期処理が終わったときにthenメソッドの引数とし
て呼び出されます。この様子を図にすると次のようになります。

Promiseの動作イメージ

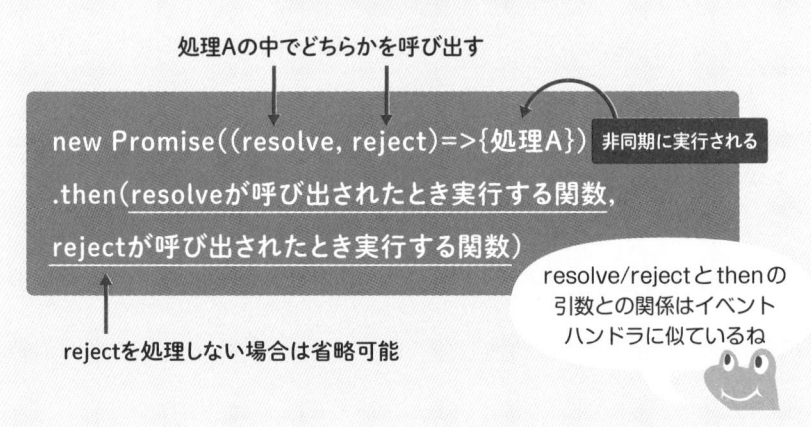

●1秒後に処理を予約する

処理Aが終わった1秒後に処理Bを実行するには、setTimeoutで1秒後にresolveを呼び出すように実装したPromiseオブジェクトを返す関数を作成します。

1秒待つsleep関数

```javascript
// Promiseを返す自作関数
const sleep = () => {
  return new Promise((resolve, reject) => {
    setTimeout(() => {
      resolve(); // 1秒後にresolveを呼び出す
    }, 1000);
  });
};
// ①主人公の行動
console.log("主人公の行動");
// ②1秒待ってからドラゴンの行動
sleep().then(() => console.log(" ドラゴンの行動"));
// ③1秒待ってから主人公の行動？？？
sleep().then(() => console.log("主人公の2回目の行動"));
```

こうすれば、①主人公が行動した1秒後にresolveが呼び出されて②ドラゴンが行動します。しかし、1回目のsleepと2回目のsleepは非同期に実行されるので、③は②が終わってから1秒待たずに即時実行されてしまいます。

①→1秒後→②→1秒後→③の動作にするには、thenをチェーンさせると解決できます。

thenのメソッドチェーン

```
// ①主人公の行動
console.log("主人公の行動");
sleep()
 // ②1秒待ってからドラゴンの行動
 .then(() => {
  console.log("ドラゴンの行動");
 })
 // ③さらに1秒待ってから主人公の行動
 .then(() => {
  sleep().then(() => console.log("主人公の2回目の行動"));
 });
```

コンソールの出力順

```
> 主人公の行動
> ドラゴンの行動 ←最初のsleepが終わったら実行される
> 主人公の2回目の行動 ←③のsleepが終わったら実行される
```

　このように、Promiseオブジェクトを返す関数に対して、順番に実行していきたいタスクをthenでつないでいくと、各タスクは順番に（同期的に）実行されます。ただ、順番に実行したいタスクをひとつひとつthenに入れるのは可読性が悪く、不便です。

　この問題は、async/awaitというキーワードを利用すると解決できます。

async/await

関数の前にasyncキーワードをつけると非同期関数になります。

async function 関数名（…）｛処理｝

asyncをつけた関数内の処理は非同期で実行されます。その中で、setTimeoutのような非同期処理を含んだ関数をawaitキーワードをつけて呼び出すと、関数の実行が終わってから次のコードが実行されます。

async/awaitを利用したsleep処理

```
async function main() {
  // ①主人公の行動
  console.log("主人公の行動");
  await sleep();
  // ②1秒待ってからドラゴンの行動
  console.log("ドラゴンの行動");
  await sleep();
  // ③さらに1秒待ってから主人公の行動
  console.log("主人公の2回目の行動");
}
main();
```

これで、①→1秒後→②→1秒後→③の動作になります。sleepの中では非同期のsetTimeoutが使われていますが、async関数内ではそれを意識することなくコードを記述した順番に（同期的に）実行されます。

● 再利用可能なスリープ関数

　これで、async/awaitを使うと簡単に再利用できるスリープ関数ができました。汎用性を高めるために、待機させたい時間を引数（デフォルトは1000ミリ秒）で受け取る形に改良すると、次のようになります。

指定された時間だけ待つsleep関数

```javascript
const sleep = (wait = 1000) => {
  return new Promise((resolve, reject) => {
    setTimeout(() => {
      resolve(); // wait ミリ秒後にresolveを呼び出す
    }, wait);
  });
};
// 使用例
async function main() {
  処理A;
  await sleep(3000); // 3秒待つ
  処理B;
  await sleep(2000); // 2秒待つ
  処理C;
}
main();
```

　これなら、どのようなモジュールからでも、任意のタイミングで利用できそうですね。次に、このスリープ関数をライブラリ化していきましょう。

03

ライブラリを作ろう

↓

🐸 ライブラリの実装

　ライブラリなので、sleep以外の関数を追加しても名前の衝突が起きないようにしなければなりません。Util.sleep(1000)のようにデフォルトのライブラリ名をUtilとしつつ、ライブラリをインポートする際に別名をつけることができれば解決します。

　ライブラリは、クラスの静的メソッドにするか、オブジェクトのメソッドにする方法が考えられます。

ライブラリをクラスにした場合（./util.js）

```
export class Util {
  static sleep = (wait = 1000) => {…} //静的メソッドとして公開
};
```

ライブラリをオブジェクトにした場合（./util.js）

```
export const Util = {
  sleep: (wait = 1000) => {…} // 普通のメソッドとして公開
};
```

　ライブラリ内でthisを使ってインスタンスを参照する必要がなければどちらでも構いません。

ライブラリを利用する

ライブラリを利用するモジュールは次のようになります。

デフォルトのライブラリ名で利用する場合

```
import { Util } from "./util.js";
async function main() {
 await Util.sleep(1000);
}
main();
```

別名に変更して利用する場合

```
import { Util as GameUtil } from "./util.js";
async function main() {
 await GameUtil.sleep(1000);
}
main();
```

＼Column／

constはdefault exportできない（ES6+の仕様）

export default const Util = …はエラーになります。const Utilを宣言したあとにexport default Util;としなければなりません。

```
const Util = {
 sleep: (wait = 1000) => {…}
};
export default Util;
```

グローバルスコープに登録する

　別のアプローチとして、ライブラリのオブジェクトをグローバル
スコープに登録する方法を紹介します。

グローバルスコープに登録する（./util.js）

```javascript
// Windowオブジェクトに自作オブジェクトを追加する
window.Util = {};
// 自作オブジェクトにメソッドの定義を追加する
Util.sleep = (wait = 1000) => {
  return new Promise((resolve, reject) => {
    setTimeout(() => {
      resolve(); // wait ミリ秒後に resolve を呼び出す
    }, wait);
  });
};
// メソッドの追加はこのように行う
Util.メソッドB = (…) => {…}
Util.メソッドC = (…) => {…}
```

ライブラリの利用

```javascript
// 別名はつけられないのでUtilの名前は固定される
import "./util.js";
async function main() {
  await Util.sleep(1000);
}
main();
```

　exportで公開するのではなく、ブラウザのグローバルスコープに
常に存在しているWindowオブジェクトのプロパティとして、自作
ライブラリのオブジェクトを追加（登録）する方法です。

　WindowオブジェクトにUtilという名前のプロパティはありません
が、window.Utilに空のオブジェクト{}を代入した瞬間、Windowオ
ブジェクトにUtilという名前のプロパティが備わります（追加されま
す）。すると、window.Util.メソッド名に関数オブジェクトを代入す
ることによって、window.Utilオブジェクトに自作のメソッドを追加
（登録）できます。

　また、Windowオブジェクトのプロパティは特別にオブジェクト名
の"window"を省略することが許されているので、「Util.メソッド名」
でメソッドにアクセスできます。そのため、ライブラリをインポー
トすれば、Util.sleep(1000)のようにUtilライブラリのメソッドが利
用できます。

Point! グローバル汚染であることを認識しましょう

この方法はWindowオブジェクトに登録場所を借りることになるので、
グローバルスコープを汚染します。そのため、もしも他にUtilという名
前でWindowオブジェクトのプロパティに追加された変数やオブジェク
トが存在すれば、自作ライブラリのオブジェクトでUtilの内容を上書き
してしまうので、プログラムが誤動作を起こす可能性があります。複数
のライブラリを利用するアプリケーションでは、登録するオブジェクト
名が重複しないように注意しなければなりません。

04

ライブラリの使用例

何をライブラリ化するか?

　ブラウザで動くアプリケーションの場合、ボタンやリンクのクリックやフォームコントロールのフォーカスなど、画面に描画された要素に発生するさまざまなイベントを処理するためにイベントハンドラを実装します。Chapter07 〜 08で作成するカードゲームもイベントを扱うので、イベントハンドラの割り当てを行う汎用的な関数をここでライブラリ化しておきましょう。

さまざまなイベントに対応した関数

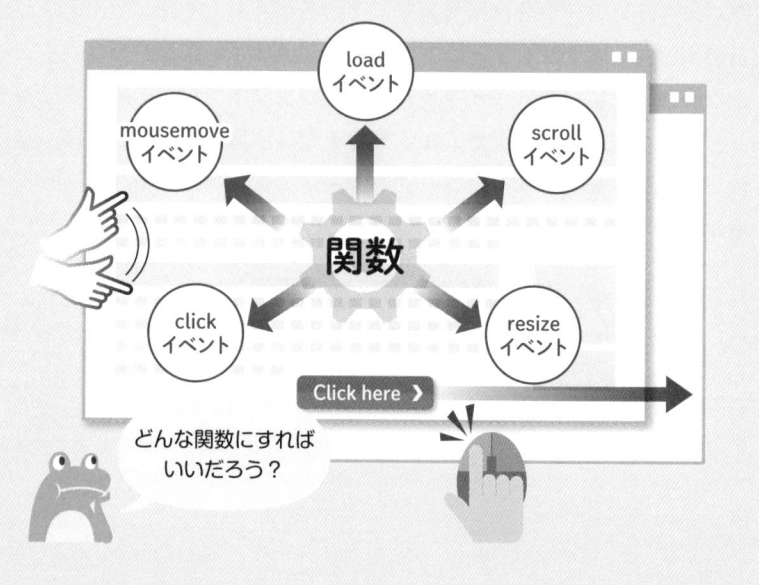

● 関数の引数を考える

イベントハンドラの追加は標準関数のaddEventListenerを使います。

書式

> element.addEventListener(イベント名, イベントハンドラ)

※第3引数（省略可能）は本書では使わないので省略します。

elementはイベントハンドラを追加するDOM要素のオブジェクト（HTMLElementオブジェクト）です。ライブラリ関数にはこれと同じ機能を持たせなければならないので、次の3つの情報を引数などを介して受け取れるようにする必要があります。

① イベントハンドラを追加したい要素を特定できる情報
② ハンドラを追加したいイベントの名前
③ 割り当てたいイベントハンドラ（関数）の具体的な実装

②は文字列を受け取ればよいでしょう。③の実装はライブラリ側では決められないので、関数オブジェクトを受け取ればよいでしょう。①はどうでしょうか？　DOM要素を特定するセレクタ（文字列）を受け取ってライブラリ側でDOM要素を取得する方法と、DOM要素（HTMLElementオブジェクト）を受け取る方法が考えられますが、ここではセレクタを受け取ることにしましょう。すると、ライブラリ関数の引数は次のようになります。

書式

> Util.addEventListener(セレクタ, イベント名, イベントハンドラ)

ライブラリ関数の実装

168ページで作成したUtilクラスに関数を追加すると次のようになります。

ライブラリ関数を追加する（./util.js）

```javascript
export default class Util {
  /**
   * 指定した時間だけ待つ（未指定の場合は1秒）
   */
  static sleep = (wait = 1000) => {
    return new Promise((resolve, reject) => {
      setTimeout(() => resolve(), wait);
    });
  };
  /**
   * イベントハンドラを追加する
   */
  static addEventListener = (selector, event, handler) => {
    document
      .querySelectorAll(selector)
      .forEach((e) => e.addEventListener(event, handler));
  };
}
```

セレクタには複数のDOM要素が該当する可能性があるので、一括でハンドラを追加できるようにquerySelectorAllとforEach（114ページ）を利用します。querySelectorAllはセレクタに該当するDOM要素をすべて取得して配列に似たリストを返す関数です。

　ライブラリを利用するコードは次のようになります。HTMLには
<button id="start">スタート</button>があるものとします。

ライブラリ関数を利用する

```javascript
import Util from "./lib.js";

// スタートボタンのイベントハンドラ
async function onStart() {
  // 1秒待ってからゲーム開始
  await Util.sleep(1000);
  console.log("ゲームスタート！");
};

// イベントハンドラを追加する
Util.addEventListener("#start", "click", onStart);
```

　いかがだったでしょうか？　オブジェクト・クラス・モジュール化・
ライブラリ化の考え方を身に付けて、それらをES6+の構文で簡潔に
記述する方法を手に入れると、アプリケーションの骨格が見通しや
すいプログラミングができるようになります。
　それでは、いよいよ本書の最終目標であるポーカー風のカード
ゲーム開発です。次の章に進みましょう。

\Column/

人気のライブラリとフレームワーク

　汎用的で再利用可能な部品の集まりであるライブラリに対して、アプリケーションの構築に必要な枠組みがすでに出来上がっているものをフレームワークと呼びます。近年、人気を集めているライブラリとフレームワークをいくつか紹介します。

人気のライブラリ

ライブラリ名	特徴
jQuery	JavaScriptを使いやすく拡張したライブラリ。DOMを操作する機能が充実しており、学習コストが低い
React.js	ユーザーインターフェースの構築に便利なライブラリ。軽量でパフォーマンスが良い
Node.js	大量の同時接続を処理できるサーバーサイドのライブラリ。アクセスの多いアプリ開発に向いている
Riot.js	HTMLに似た文法を採用した軽量ライブラリ。学習コストが低い

人気のフレームワーク

ライブラリ名	特徴
Vue.js	UIを構築するために開発されたフレームワーク。双方向データバインディングが特徴。学習コストはやや低め
AngularJS	中規模～大規模開発向けのフレームワーク。MVCモデルと双方向データバインディングが特徴。学習コストは高め
Angular	AngularJSの後継。TypeScriptで作られたコンポーネント指向のフレームワーク
Backbone.js	クライアントサイドMVCを実現するための軽量フレームワーク。設計の自由度が高い

　本書を終えたら、これらのライブラリやフレームワークにも触れてスキルアップを目指しましょう。

Chapter

07

↓

ポーカーゲームの
プログラム設計

ポーカーとは?

カードの強さを競うトランプゲーム

　ポーカーは、5枚の手札の組み合わせでカードの強さを競うトランプゲームです。実際のポーカーはチップを賭けてゲームを何回か繰り返しますが、本書ではチップを使わずにカードの強さだけを競います。また、プレイヤーはあなた（You）とコンピューター（Com）の2人とします。

2人でポーカー

Com

ゲームの
イメージだよ

You

ゲームに登場する用語

　プログラムの解説や変数の名前などに登場する用語です。カードの絵柄をスート、数字をランクと呼びます（2が最弱、Aが最強）。カードの組み合わせを役（やく）またはペアと呼びます（詳細は183ページ）。

ポーカーの用語

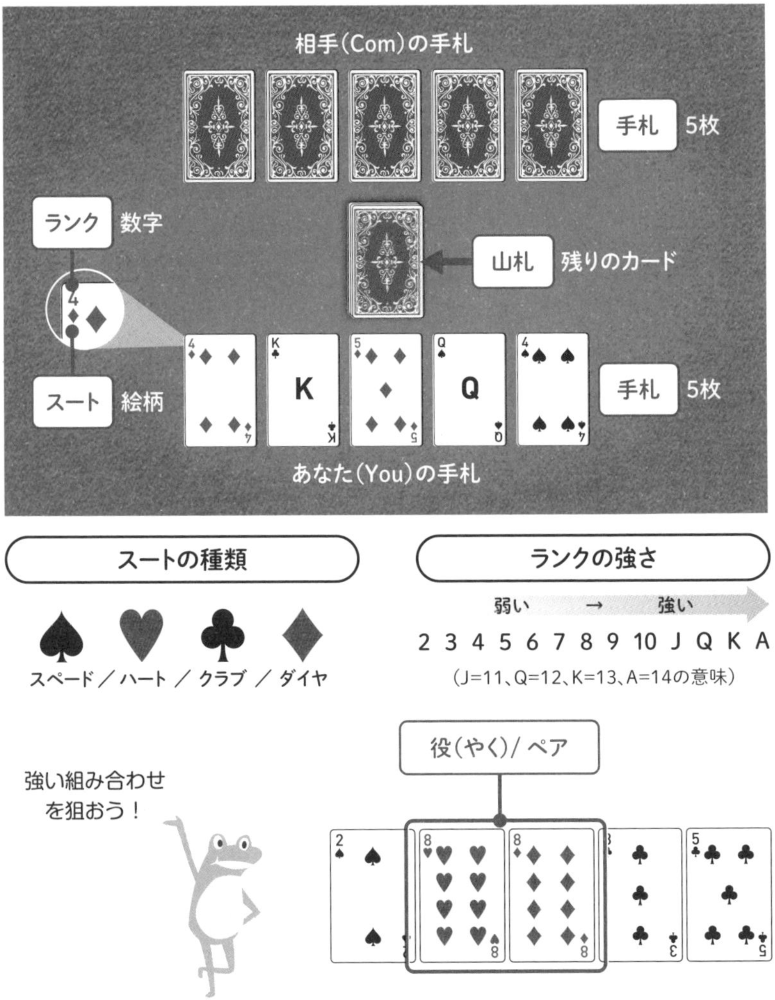

相手（Com）の手札

手札 5枚

ランク 数字

山札 残りのカード

スート 絵柄

手札 5枚

あなた（You）の手札

スートの種類
♠ ♥ ♣ ♦
スペード ／ ハート ／ クラブ ／ ダイヤ

ランクの強さ
弱い　→　強い
2 3 4 5 6 7 8 9 10 J Q K A
（J=11、Q=12、K=13、A=14の意味）

役（やく）/ ペア

強い組み合わせ
を狙おう！

❶まず、各プレイヤーに5枚ずつ手札が配られます。相手のカードはお互いに見えていないものとします。残ったカードは山札に戻します。

❷次に、各プレイヤーが自分の手札の中からいらないカードを選び、❸選んだカードを山札と交換します。これをドロー（Draw）といいます。1〜5枚までまとめて交換できます。選んだカードは山札の一番下に戻し、同じ枚数だけ山札の一番上からカードを取って手札に加えます。❷❸の行動を、あなた（You）が先、相手（Com）が後に行います。

❹各プレイヤーが1回ずつ手札の交換を終えたら勝敗を判定し、結果を表示します。このとき、お互いの手札を見せます（Comのカードを表向きにする）。

❺Replayボタンを押すとカードがシャッフルされて❶に戻ります。

勝敗の決め方

手札のランク（数字）とスート（絵柄）の組み合わせ（役）が強いほうが勝ちです。役が同じだった場合は、役を構成しているカードのランクが強いほうが勝ちです。役もランクも同じだった場合は引き分けです。たとえば、ランク8とランク5で同じ役が成立した場合、ランク8で成立したほうが勝ちです。

> Point! 相手（Com）の行動はAIに任せる
> 相手（Com）がどのカードを交換するかはプログラムで作成したAIに判断させます。無作為に選ぶのではなく、なるべく役が揃いやすいカードを考えて選ぶようなAIを作成します（詳細は191ページ）。

ゲームの進行

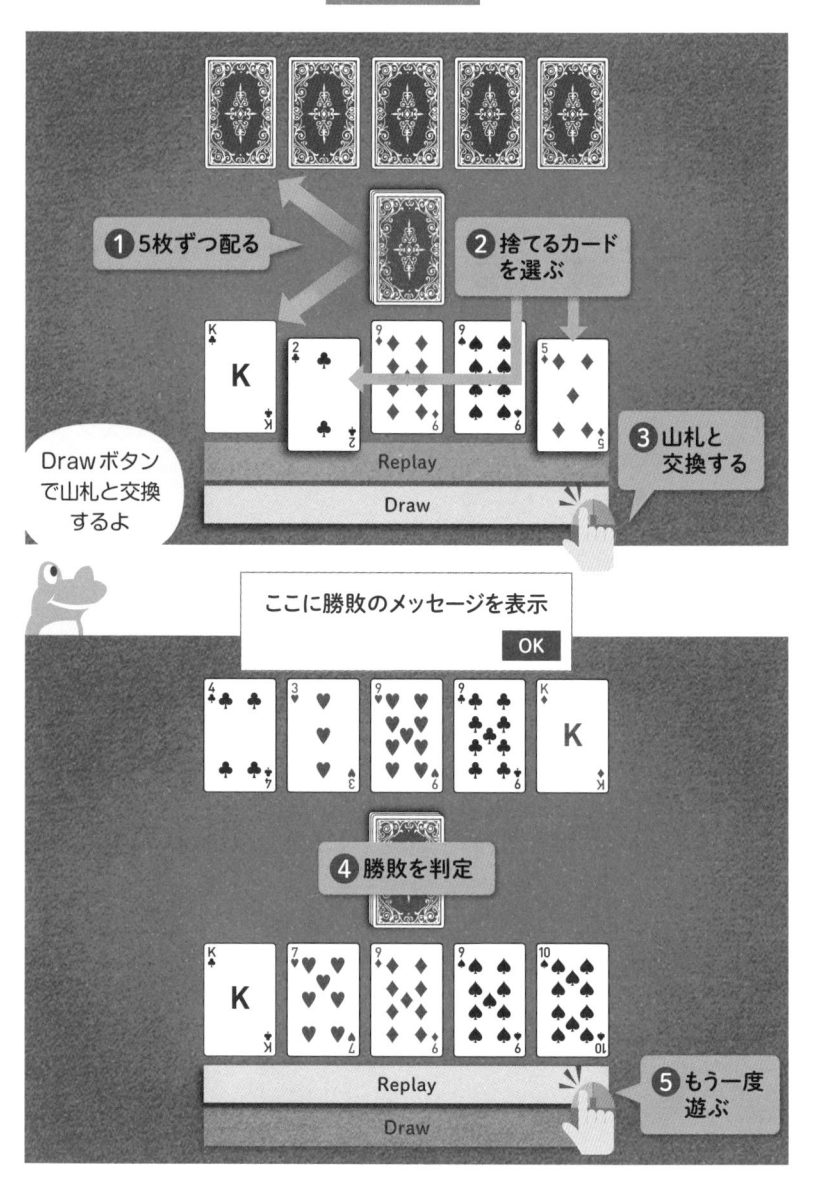

カードの組み合わせと強さ

ポーカーの役

　ポーカーの役（カードの組み合わせ）は弱い順に、ワンペア、ツーペア、スリーカード、ストレート、フラッシュ、フルハウス、フォーカード、ストレートフラッシュ、ロイヤルストレートフラッシュの9種類があります。

　たとえば、手札5枚の中にランク（数字）が同じカードが2枚だけある場合、ワンペアが成立していることになります。このとき、ペアになっている2枚のカードが手札のどの位置にあるかは関係ありません。1枚目と5枚目がペアになっている場合もワンペアです。

　また、J、Q、K、Aのカードはそれぞれ11、12、13、14と数えます（ランクはKよりもAが強い）。そのため、右図のように「10、J、Q、K、A」の場合はランク（数字）が連続していることになるので、ストレートが成立します。実際のポーカーではAを1と数えることもできるので「A,2,3,4,5」もストレートですが、当ゲームでは14と数えるのでストレートは成立しません。

役が同じ場合の勝敗

　役が同じだった場合、役を構成しているカードのランク（数字）の合計が大きいほうが勝ちです。たとえば2のワンペアは合計が2 + 2 = 4、Aのワンペアは合計が14 + 14 = 28と計算します。

ポーカーの役

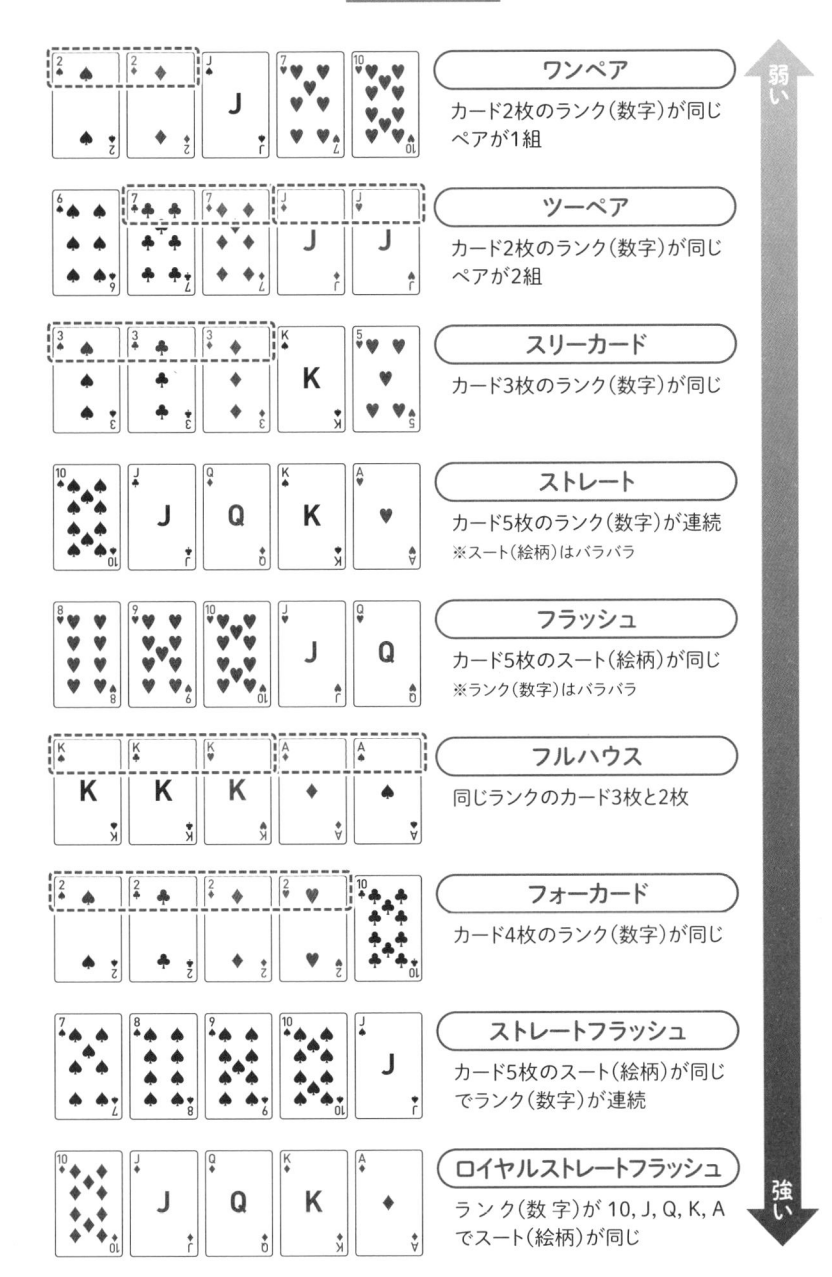

ワンペア

カード2枚のランク（数字）が同じ
ペアが1組

ツーペア

カード2枚のランク（数字）が同じ
ペアが2組

スリーカード

カード3枚のランク（数字）が同じ

ストレート

カード5枚のランク（数字）が連続
※スート（絵柄）はバラバラ

フラッシュ

カード5枚のスート（絵柄）が同じ
※ランク（数字）はバラバラ

フルハウス

同じランクのカード3枚と2枚

フォーカード

カード4枚のランク（数字）が同じ

ストレートフラッシュ

カード5枚のスート（絵柄）が同じ
でランク（数字）が連続

ロイヤルストレートフラッシュ

ランク（数字）が 10, J, Q, K, A
でスート（絵柄）が同じ

弱い

強い

クラス設計

ゲームに登場するオブジェクトを探す

アプリケーションを適切にモジュール分割するために、ゲームに登場する「モノ」の中からプロパティやメソッドを持つオブジェクトを探しましょう。どのようなオブジェクトが見つかるでしょうか？

クラス化するオブジェクトを決める

オブジェクトには、形のある物体でも形のない概念でも、何らかの呼び名をつけることができます。右のイラストから名前を持つモノをピックアップしてみましょう。

● プレイヤー
　（あなた（You）と相手（Com））
● カード
● 山札

● 手札
● ランク
● スート
● 役（やく）

プレイヤーは手札を（プロパティに）持っており、カードを選んだり交換したりする操作（メソッド）ができるので、クラス化の対象です。

カードは山札や手札の構成単位に過ぎませんが、カードごとにランク（数字）とスート（絵柄）というプロパティがあるので、クラス化しておくと再利用ができます。

オブジェクトの候補たち

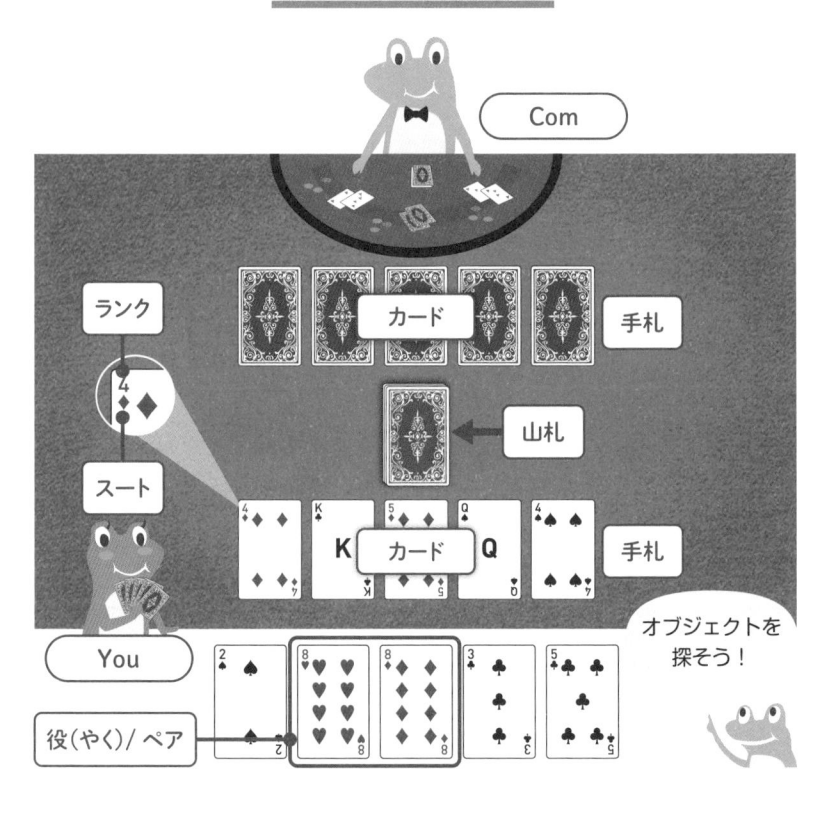

　一方、手札と山札は独立したカードの配列とみなせるので、クラス化の対象から外します。もしこれらをクラスにすると、カードクラスと同じ意味のプロパティを持つことになり、区別しにくいからです。

　また、ランクとスートはカードのプロパティとみなせるので、これらもクラス化の対象外とします。

　役（やく）には組み合わせと強さというプロパティがあると考えられますが、カードのように実体のあるモノではなく、直接的な操作（メソッド）を持たないので、クラス化の対象外とします。

● プレイヤークラスのプロパティとメソッド

　手札を描画するとき画像のDOMノードにアクセスするので、手札を配置するノードもプレイヤークラスのプロパティに持たせます。さらに、プレイヤーが交換しようとしているカードのノードもプロパティにします。カードの交換は次の手順で行い、❷と❸でノードにアクセスするからです。

❶山札から新しいカードを1枚取り出す
❷交換するカードを一時的に退避しておく
❸交換するカードがあった場所に❶のカードを置く
❹❷で退避していたカードを山札の一番下に戻す
❺まとめて交換するカードの枚数だけ❶から❹を繰り返す

カードの交換手順

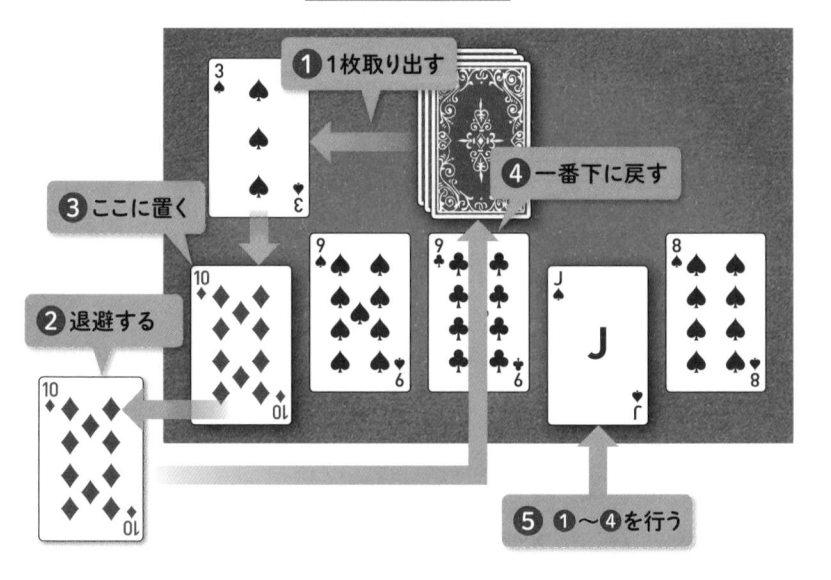

　この図からわかることは、5枚の手札を割り当てたDOMノードと、その中でプレイヤーが選んだDOMノードを、いつでも参照できるようにプログラムに保持しておいたほうが便利だということです。

　そのために、手札のノードと、選んだノードをプレイヤークラスのプロパティにして、手札の操作や状態（選択の有無）の管理をプレイヤークラスのプログラムに任せてしまいます。そうすれば、メインプログラムはカードの状態を監視しなくても済むので負担が減ります。

> **Point!** 🐊
> 頻繁にアクセスするノードやプログラムに保持しておきたい情報は、その所有者が誰（オブジェクト）なのかに注目して、プロパティに持たせることを検討します。

　以上の考察から、プレイヤークラスのプロパティは次のようになります。

プレイヤークラスのプロパティ

プロパティ	説明
手札	カードオブジェクトの配列
手札のノード（リスト）	手札の画像（img要素）を配置するノード
選択しているノード（リスト）	山札と交換するために選んだノード

手札とノードの管理は
プレイヤークラスに任
せよう

次に、プレイヤークラスのメソッドを考えましょう。プレイヤーは、自分の手札の操作に責任を持ちます。そのため、次のようなメソッドを持たせます。

プレイヤークラスのメソッド

メソッド	説明
displayCard	手札を描画する
addCard	新しいカードを手札に追加する
selectCard	交換するカードを選択する
drawCard	選択したカードを山札の一番下に戻し、山札から新しいカードを取り出して手札に加える

● カードとDOMノードの対応関係

ここで、カードとDOMノードを紐づける方法を考えてみましょう。カードの置き場所は固定ではなく、ゲームの進行状況によって変わっていきます。最初にカードを配ったときやカードを交換する際に、山札から手札へ、手札から山札へと移動するからです。

また、同じカードを使うゲームでも、ゲームの種類によっては置き場所の呼び方や並べ方は異なるでしょう。そのため、DOMノードをカードクラスのプロパティにして紐づけるのは適切な方法ではありません。

そこで、全52枚のカードにインデックス番号（1〜52）を割り当て、手札のDOMノードにカードが配置されるたびに、DOMノード（img要素）のdata属性に「置かれたカードのインデックス番号」を書き込むことによって紐づけます。そうすると、img要素のdata属性を読み取れば、そこに置かれているカードがわかります。

たとえばスペードのKがインデックス番号＝13だとすると、このカードが置かれたDOMノード（img要素）にはdata-index="13"を書き込みます。

カードとDOMノードの紐づけ

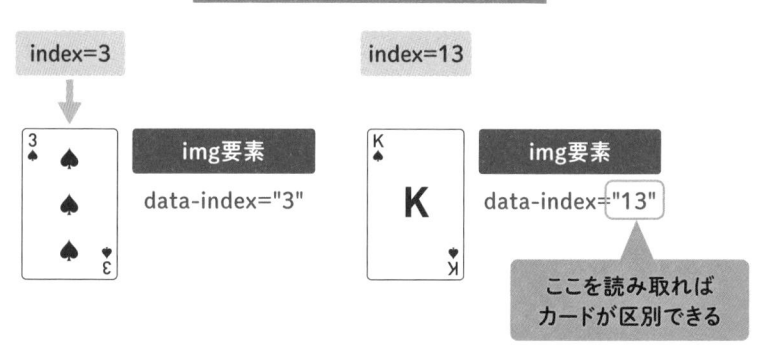

data属性にカードの
識別番号を保持しよう

カードとインデックス番号の対応関係

スート		A	2	3	4	5	6	7	8	9	10	J	Q	K
♠	1	1	2	3	4	5	6	7	8	9	10	11	12	13
♣	2	14	15	16	17	18	19	20	21	22	23	24	25	26
♦	3	27	28	29	30	31	32	33	34	35	36	37	38	39
♥	4	40	41	42	43	44	45	46	47	48	49	50	51	52

　インデックス番号は表のとおりスペードのA（1）からハートの
K（52）まで連続した番号を割り当てます。インデックス番号とラ
ンク・スートは相互に変換できます。インデックス番号をindex、
スートを1:スペード,2:クローバー,3:ダイヤ,4:ハートとすると、
rank=((index - 1) % 13) + 1、suit=Math.floor((index - 1) / 13) +
1と計算できます。ただしAのランクを14にするために、rankの計
算結果が1の場合は14に読み替える必要があります。逆にランクと
スートを使うとインデックス番号はindex=（suit - 1) * 13 + rankと
計算できます。

　こうすることで、手札の何枚目にどのカードが置いてあるのかを
いつでもプログラムで調べることが可能になります。

● 相手（Com）クラスのプロパティとメソッド

プレイヤー（あなた（You）と相手（Com））は、カードを選ぶとき
の思考ルーチンが異なるだけで、それ以外のメソッドやプロパティ
に違いはありません。そこで、相手（Com）はプレイヤークラスを継
承した派生クラスにします。

すると、相手（Com）クラスのプロパティとメソッドは次のように
なります。

相手（Com）クラスのプロパティ

プロパティ	説明
手札	※プレイヤークラスを継承
手札のノード（リスト）	※プレイヤークラスを継承
選択しているノード（リスト）	※プレイヤークラスを継承

相手（Com）クラスのメソッド

メソッド	説明
displayCard	※プレイヤークラスを継承
addCard	※プレイヤークラスを継承
selectCard	交換するカードをプログラムが決定して選択する
drawCard	※プレイヤークラスを継承

selectCardメソッドは継承せずに相手（Com）クラス独自の実装に
します。どのようにカードを選ばせるとよいでしょうか？　5枚の手
札からランダムに選ばせると、せっかく強い役が揃っていても手放
してしまう場合があるので、チャンスを無駄にしてしまいます。

ランダムに選ぶと…

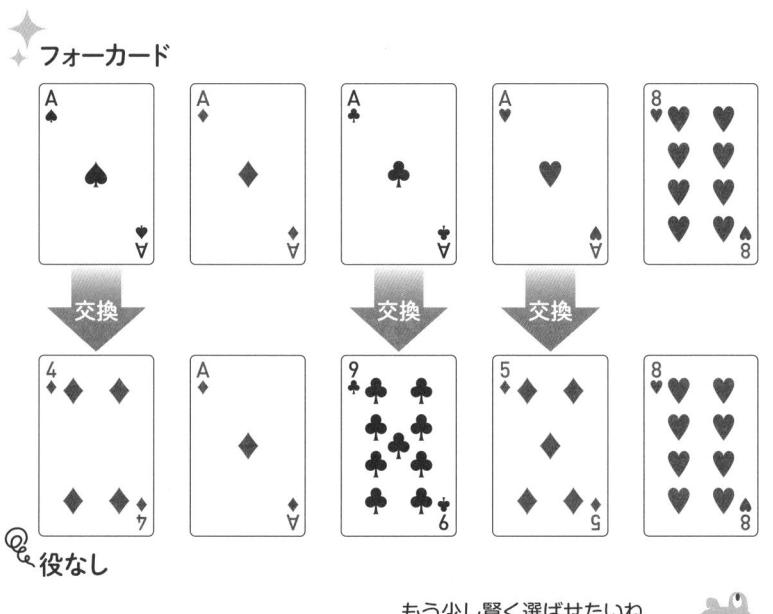

✦ フォーカード

もう少し賢く選ばせたいね

●賢く選ばせる

賢く選ばせるために、このような思考ルーチンにしてみましょう。

①役が揃っていない場合→5枚とも交換する
②弱い順に3番目までの役が揃っている場合→役に加わっていないカードだけ交換する
③それ以外の役が揃っている場合→1枚も交換しない

　①手札が配られた時点で何も役が揃っていない場合は、5枚とも選びます。②ワンペアかツーペアかスリーカードが揃っている場合は、役に加わっていないカードだけを選びます。たとえばスリーカード

が揃っているときに残りの2枚を交換すれば、もう1枚同じカードが
きて、より強い役のフォーカードが成立する可能性があるからです。
③スリーカードよりも強い役（ストレート以上の役）が揃っていると
きは、何も選びません。既に強い役が揃っているのに交換すると、
役が成立しなくなるか、より弱い役が成立して不利になってしまう
可能性があるからです。

● カードクラスのプロパティとメソッド

　カードクラスは、ランク（数字）とスート（絵柄）、そして189ペー
ジで検討したインデックス番号をプロパティに持たせます。

カードクラスのプロパティ

プロパティ	説明
ランク（数字）	2〜14（J、Q、K、Aは11,12,13,14）
スート（絵柄）	1:スペード,2:クローバー,3:ダイヤ,4:ハート
インデックス番号	1〜52（189ページの図参照）

　カードは操作する側ではなく操作される側なのでメソッドを持ち
ませんが、プロパティに初期値を割り当てるためにコンストラクタ
は必要です。

　コンストラクタに渡す引数は、52枚あるカードを区別できる情報
でなければなりません。たとえば「スペードのK」のようにランクと
スートを引数で指定すればカードを特定できます。あるいは「イン
デックス番号が13のカード」のようにインデックス番号を引数で指
定してもカードを特定できます。どちらも正解ですが、ここでは引
数が少なくて済むインデックス番号を使うことにしましょう。

　インデックス番号がわかればランクとスートを逆算して求めるこ
とができるので、カードクラスのプロパティは3つともコンストラク

タを呼び出したタイミングで初期値を割り当てることができます。

● 役クラスのプロパティとメソッド

　役クラスは勝敗を判定するときに使います。具体的には、各プレイヤーが持っている5枚のカードを見て「ワンペアが成立しているかどうか？」「ツーペアが成立しているかどうか？」といった判定を行います。そのため、役（183ページ）ごとの判定メソッドを持たせます。

役クラスのメソッド

メソッド	説明
isOnePair	ワンペア（強さ:1）の成否を判定する
isTwoPair	ツーペア（強さ:2）の成否を判定する
isThreeCard	スリーカード（強さ:3）の成否を判定する
isStraight	ストレート（強さ:4）の成否を判定する
isFlush	フラッシュ（強さ:5）の成否を判定する
isFullHouse	フルハウス（強さ:6）の成否を判定する
isFourCard	フォーカード（強さ:7）の成否を判定する
isStraightFlush	ストレートフラッシュ（強さ:8）の成否を判定する
isRoyalStraightFlush	ロイヤルストレートフラッシュ（強さ:9）の成否を判定する

　これらのメソッドは単独で使用しても正しい判定はできません。たとえば手札がA,A,6,8,8の場合、Aと8のツーペアの成立条件を満たしますが、もしも5枚ともスート（絵柄）が同じだったらツーペアではなくフラッシュが成立していると判定しなければならないからです。正しく判定するには、役が強い順番（表の下から上へ）にメソッドを実行し、最初に成立した役を採用しなければなりません。

役の判定ロジック

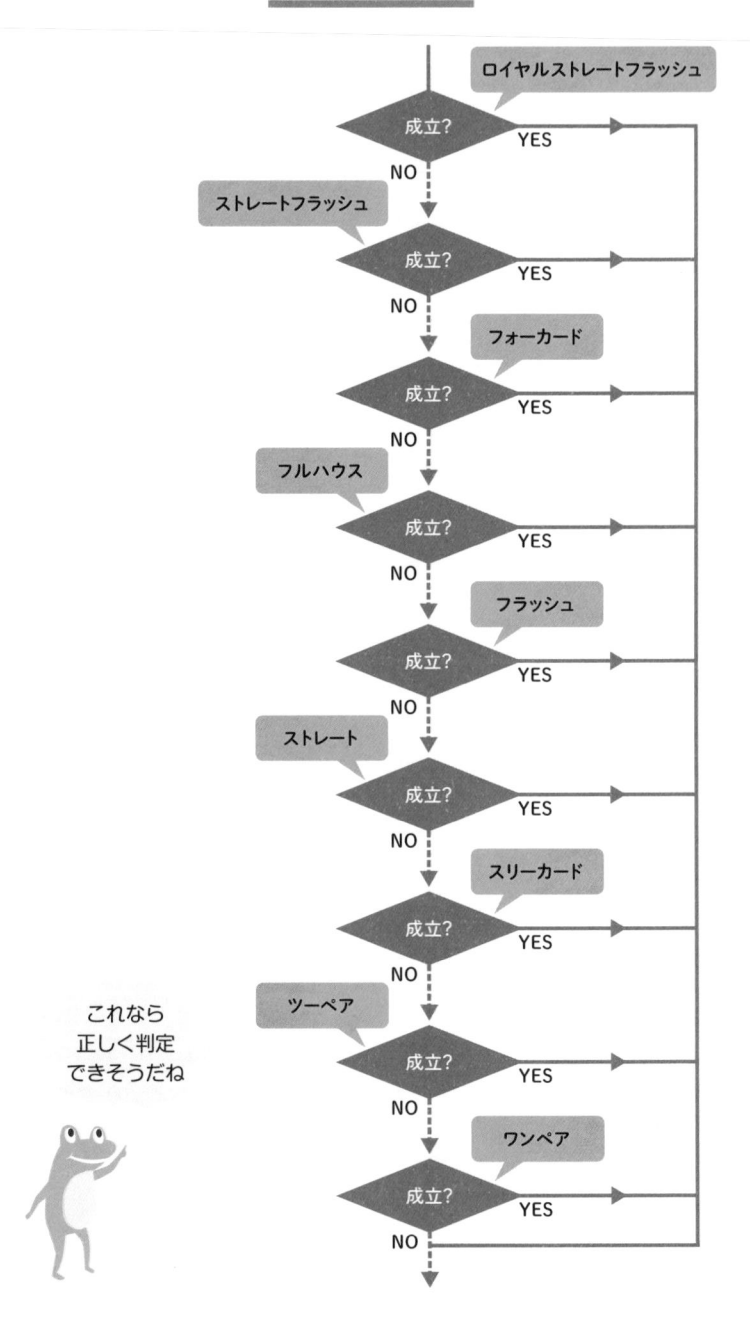

ロイヤルストレートフラッシュ

成立? YES

NO

ストレートフラッシュ

成立? YES

NO

フォーカード

成立? YES

NO

フルハウス

成立? YES

NO

フラッシュ

成立? YES

NO

ストレート

成立? YES

NO

スリーカード

成立? YES

NO

ツーペア

成立? YES

NO

ワンペア

成立? YES

NO

これなら
正しく判定
できそうだね

　この判定処理をjudgeメソッドと呼ぶことにして、役クラスに追加します。

役クラスのメソッド（追加）

メソッド	説明
judge	成立条件を満たす最も強い役を判定する

　ただし、これだけでは勝敗は判定できません。あなた（You）と相手（Com）の役が同じだった場合は、役を構成しているカードのランク（数字）が大きいほうが勝つので、ランクを数える処理も必要だからです。たとえば3,3,5,5,8のツーペアの場合、役を構成するランクは3+3+5+5=16です。A,A,A,2,2のフルハウスなら14+14+14+2+2=46と数えます。

　そのため、judgeメソッドは、成立した役の強さだけでなくランクも一緒に返す必要があります。複数の値を返すメソッドは、配列かオブジェクトを返すように実装します。この場合、役の強さ（strength）とランク（rank）は情報の意味が異なるので、配列にするのは適切ではありません。そこで、オブジェクトにしてプロパティを分けることにします。成立した役の名前（hand）も含めておくと、勝敗を表示するメッセージに使えるでしょう。

3,3,5,5,8でツーペアが成立した場合

```
return {
  strength: 2,      // 役の強さ
  rank: 16,         // 役を構成するランク
  hand: "ツーペア"   // 役の名前
}
```

ライブラリの拡張

 ライブラリの機能追加

Chapter06ではライブラリ（util.js）に2つの関数を実装しました。指定した時間だけ次の処理を待機させるsleep関数と、セレクタで指定したDOM要素にイベントハンドラを割り当てるaddEventListener関数です。

ここにもうひとつ、任意の個数の数値を合計するsum関数を追加しておきましょう。役の判定メソッド（193ページ）で、役を構成するカードのランクを合計するとき、任意の個数の数値を合計できる汎用的な関数があったら便利だからです。sum関数は次のような形にします。

書式

```
Util.sum(a, b, c, …)
```

引数a,b,cの個数は任意です。ワンペアならカード2枚のランクを合計すればよいのでUtil.sum(a, b)のように呼び出し、フルハウスならカード5枚のランクを合計すればよいのでUtil.sum(a, b, c, d, e)のように呼び出します。可変長の引数を受け取る関数を作るには、スプレッド構文（124ページ）を使います。

可変長の数値を合計する関数

Utilクラスにsumメソッドを追加しましょう。このメソッドはUtilクラスをインスタンス化しなくても利用できたほうが便利なので、staticキーワードをつけて静的メソッドにします。

```
/**
 * Util クラス
 */
export default class Util {
 ・・・中略・・・
 /**
  * 数値を合計する
  */
 static sum = (...numbers) => {
  let sum = 0;
  numbers.forEach((e) => {
   sum += e;
  });
  return sum;
 };
}
```

126ページのaverage関数と同様に、引数はnumbersという変数名の配列に展開されます。そのため、配列オブジェクトのforEachメソッドで配列要素を繰り返すことができます（114ページ）。forEachのコールバック関数の第1引数には配列要素の値が渡されるので、これを合計して返せばsum関数の完成です。

モジュール設計

 作成するモジュール

Chapter05のドラゴン討伐ゲーム（150ページ）と同様に、ポーカーのメインプログラム（main.js）と制御用モジュール（app.js）を分けます。さきほど拡張したライブラリ（util.js）も使用します。すると、ポーカーのモジュール構成は次のようになります。

ポーカーのモジュール構成

モジュール	説明
app.js	アプリケーションを起動する制御用モジュール
main.js	ポーカーのメインプログラム
player.js	プレイヤー（Player）クラスの定義モジュール
com.js	相手（Com）クラスの定義モジュール
card.js	カードクラスの定義モジュール
pair.js	役クラスの定義モジュール
util.js	ユーティリティの定義モジュール
index.html	画面を描画するモジュール
main.css	描画スタイルの定義モジュール

モジュールの依存関係は次のようになります。

モジュールの依存関係

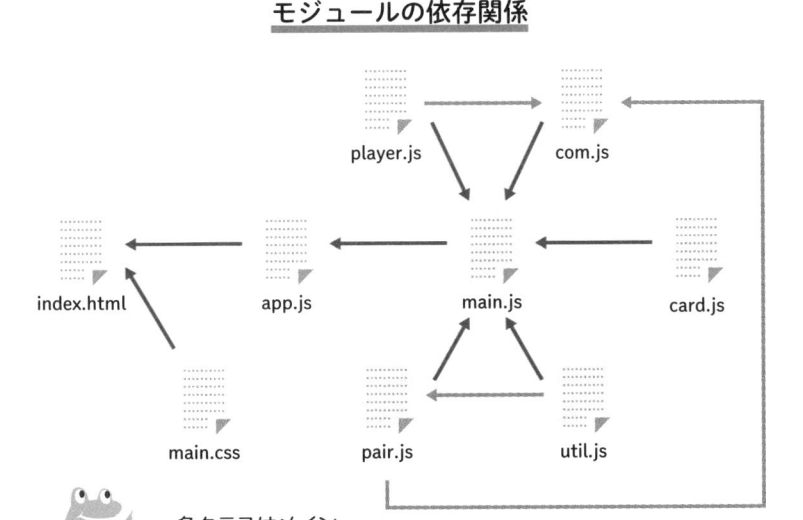

各クラスはメイン
プログラムから
利用するよ

　矢印はモジュールの依存関係を表しています。たとえばapp.jsは
main.jsを読み込み、index.htmlはapp.jsとmain.cssを読み込みま
す。グレーの矢印は、クラスの継承や、読み込み先のモジュールか
ら利用されることを表しています。たとえばcom.jsはプレイヤーク
ラスを継承したComクラスを定義するので、player.jsを読み込む
必要があります。役を判定するpair.jsは、ランクを合計するために
util.jsのメソッドを利用するのでutil.jsを読み込みます。
　これで、作成するモジュールの機能（プロパティとメソッド）と依
存関係が明確になりました。次のページでディレクトリを整理した
らChapter08へ進んでプログラムを完成させましょう。

ディレクトリ構成

アプリケーションのモジュールは、役割や種類ごとにディレクトリを分けて管理します。一般に、開発が終了した公開用のモジュールは以下のようにディレクトリを分けます。

ポーカーのディレクトリ構成

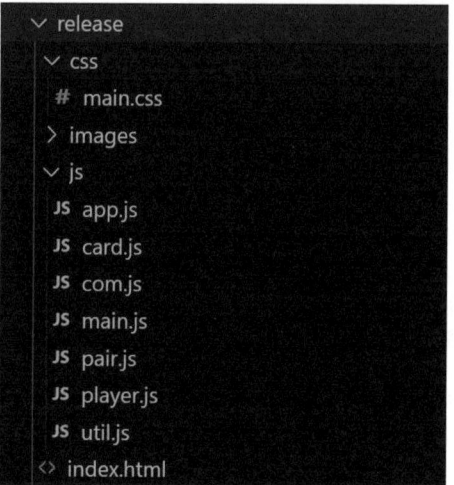

これならモジュールが
増えても混乱しないね

ルートにindex.htmlを置き、画像はimages、スタイルシートはcss、JavaScriptはjsディレクトリに格納します。

Point! 🐸 フレームワークのディレクトリ構成

フレームワークを利用した開発は、フレームワークが定めたディレクトリ構成に沿って行う必要があります（章末のコラム202ページ参照）。よくある構成として、public（公開用のモジュールを置く場所）、src（開発用のモジュールを置く場所）、components（コンポーネントを置く場所）などがあります。

● 開発用ワークスペースの作成

　では、開発の準備をしましょう。Chapter01（36ページ）の手順に従って、htdocs¥sample¥develop フォルダを VS Code のワークスペースに追加したら、ツリービューを見ましょう。

ディレクトリを整理する

種類（拡張子）で
分けてみよう

　画像以外の全てのモジュールがアプリケーションのルートに配置されているので、左ページの release ディレクトリと同じ構造になるように css ディレクトリと js ディレクトリを作成し、モジュールの配置を変更しましょう。

　これでプログラムを記述していく準備ができました。ソースコードを記述するまでの設計工程のほうが長いと感じられたかもしれませんが、決して遠回りをしたわけではありません。アプリケーション開発は「設計が9割、プログラミングが1割」と言われるくらい設計が重要な位置を占めます。

開発用ディレクトリと公開用ディレクトリ

　npmなどのパッケージ管理システムを利用したアプリケーションは、開発用と公開用のディレクトリが分かれており、開発用のモジュールをビルドして公開用のモジュールを生成します。

Vue.jsアプリケーションのディレクトリ例

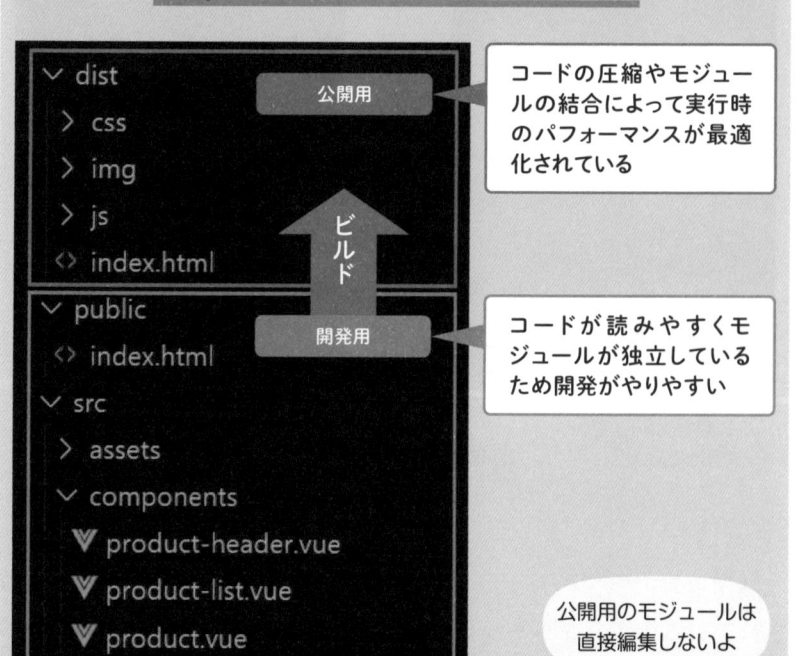

∨ dist
> css
> img
> js
<> index.html

公開用

ビルド

∨ public
<> index.html
∨ src
> assets
∨ components
Ⓥ product-header.vue
Ⓥ product-list.vue
Ⓥ product.vue
∨ filters
JS filter.js
Ⓥ App.vue
JS main.js

開発用

コードの圧縮やモジュールの結合によって実行時のパフォーマンスが最適化されている

コードが読みやすくモジュールが独立しているため開発がやりやすい

公開用のモジュールは直接編集しないよ

Chapter

08

↓

ポーカーゲームの
プログラム実装

プログラムの作成順

 **部品を作ってから組み立てる**

　自動車を組み立てるにはハンドルやタイヤなどの部品を先に作っておかなければなりません。アプリケーションも同様です。ポーカーのメインプログラムで利用する部品（カードクラスやプレイヤークラスなど）を先に完成させて、それらを組み合わせていきます。

　作成する順番は、**他のモジュールを必要としないものから先**です。たとえばプレイヤークラスはカードクラスを先に実装しておかないと、手札のプロパティを宣言できません。さらに、相手（Com）クラスはプレイヤークラスを継承するので、プレイヤークラスを先に実装しないと作成できません。199ページの図から、作成すべき順番を決めると次のようになります。HTMLとCSSは先に作成しても問題ありません。

作成する順番

| util.js | card.js | pair.js | player.js | com.js | main.js | app.js |

作成する順番

　メインプログラム（main.js）は最も多くの部品を利用するので、他の部品を完成させてから作成することになります。

　このようにアプリケーションの細部から順番に積み上げていく方法をボトムアップ方式と呼びます。逆に、細部を後回しにして大きな枠組みから作っていく方法をトップダウン方式と呼びます。

　ボトムアップ方式の場合は上位のモジュール、トップダウン方式の場合は下位のモジュールが完成しないとアプリケーション全体として動作させることができません。そこで、未完成のモジュールを利用する箇所は仮の処理（簡易なコメントやログ出力など）を記述しておく方法をとります。

ボトムアップ方式とトップダウン方式

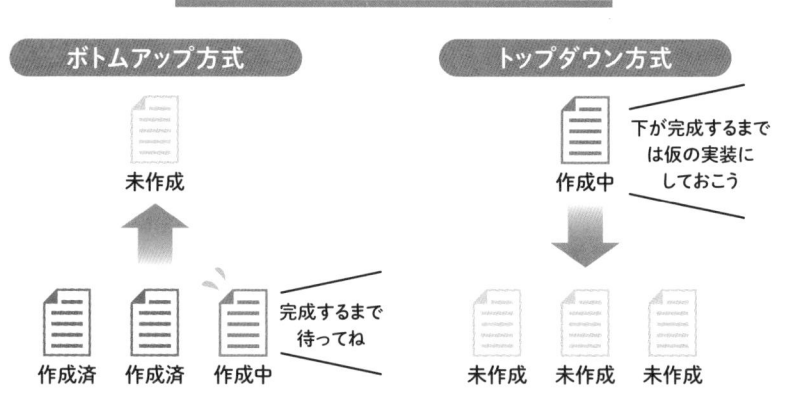

　本書ではボトムアップ方式で解説していきますが、実際の開発プロジェクトではトップダウン方式の場合もあります。

画面デザインの作成

ポーカーの画面デザイン作成

　VS Codeのワークスペースを開きましょう。developとreleaseの2つのフォルダが見えているはずです。開発に使うのはdevelopフォルダです。releaseフォルダには完成版が入っているので、必要に応じてソースコードを参照してください。

　まずHTMLとCSSでポーカーの画面デザインを作成します。index.htmlを開いて、main.cssとapp.jsを読み込む記述を追加しましょう。

index.html

```
<!DOCTYPE html>
<html lang="ja">
<head>
 <meta charset="utf-8">
 <meta name="viewport" content="width=device-width">
 <title>Poker</title>
 <link href="css/main.css" rel="stylesheet">
</head>
<body>
 <table class="field">
```

```
<tr>
  <td class="cell">
    <img src="images/red.png" class="card com" alt="">
  </td>
  <td class="cell">
    <img src="images/red.png" class="card com" alt="">
  </td>
  <td class="cell">
    <img src="images/red.png" class="card com" alt="">
  </td>
  <td class="cell">
    <img src="images/red.png" class="card com" alt="">
  </td>
  <td class="cell">
    <img src="images/red.png" class="card com" alt="">
  </td>
</tr>
<tr>
  <td class="cell" colspan="2"></td>
  <td class="cell">
    <img src="images/red.png" class="card stock" alt="">
    <img src="images/red.png" class="card stock" alt="">
    <img src="images/red.png" class="card stock" alt="">
  </td>
  <td class="cell" colspan="2"></td>
</tr>
<tr>
  <td class="cell">
```

```
    <img src="images/blue.png" class="card you" alt="">
   </td>
   <td class="cell">
    <img src="images/blue.png" class="card you" alt="">
   </td>
   <td class="cell">
    <img src="images/blue.png" class="card you" alt="">
   </td>
   <td class="cell">
    <img src="images/blue.png" class="card you" alt="">
   </td>
   <td class="cell">
    <img src="images/blue.png" class="card you" alt="">
   </td>
  </tr>
  <tr>
   <td class="cell" colspan="5">
    <button class="button" id="replay" disabled>Replay</butt
on>
    <button class="button" id="draw">Draw</button>
   </td>
  </tr>
 </table>
 <script type="module" src="js/app.js"></script>
</body>
</html>
```

> **Point!** ଲ_
>
> app.jsはモジュールとして扱うので、type="module"
> を記述しなければなりません (140ページ)。

手札やボタンのクリックイベントをJavaScriptで検出できるために classやidを割り当てていることを確認しておきましょう。

次に main.css です。

css/main.css

```css
body {
  background: url(../images/board.png);
}


.field {
  --drop-shadow: 0 10px 25px 0 rgb(0 0 0 / 50%);
  position: fixed;
  inset: 0;
  margin: auto;
  width: clamp(300px, 100%, 540px);
  border-spacing: 5px;
}


.field td {
  position: relative;
}


.card {
  transition: 0.3s linear;
  max-width: 100%;
  position: relative;
  z-index: 1;
}
```

```css
.card.stock {
  box-shadow: var(--drop-shadow);
  filter: hue-rotate(135deg);
}

.card.stock:nth-child(1) {
  position: absolute;
  top: -5px;
  left: -5px;
}

.card.stock:nth-child(2) {
  position: relative;
}

.card.stock:nth-child(3) {
  position: absolute;
  top: 5px;
  left: 5px;
}

.card.selected {
  transform: translateY(var(--shiftY));
  box-shadow: var(--drop-shadow);
}

.card.com.selected {
```

```
  --shiftY: -20%;
}

.card.you.selected {
  --shiftY: 20%;
}


.button {
  width: 100%;
  height: 3em;
  box-shadow: var(--drop-shadow);
}


.button+.button {
  margin-top: 5px;
}
```

　スタイルシートは作成済みですが、青文字の部分だけ確認してお
きましょう。手札が選択されたときカードが少しプレイヤー側にス
ライドするアニメーションを起こすためにtransform: translateY(移
動量)を使っています。移動量はCSS変数--shiftYに持たせ、自分の
カードは下へ、相手のカードは上へ20%だけ移動させています。

カード選択時のアニメーション

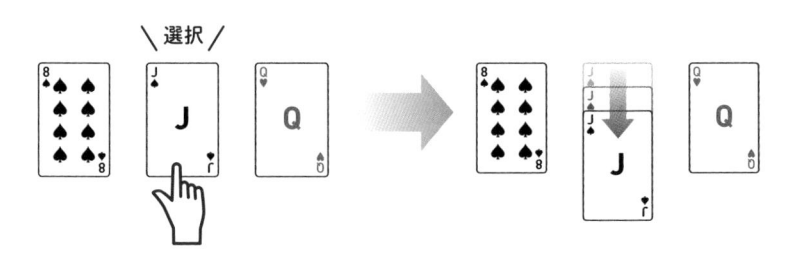

ユーティリティ（Util）クラスを実装しよう

Utilクラスの作成

Chapter06とChapter07でメソッドを追加したutil.jsを使います。

util.js

```
/**
 * Util クラス
 */
export default class Util {
  /**
   * 指定した時間だけ待つ（未指定の場合は1秒）
   */
  static sleep = (wait = 1000) => {
    return new Promise((resolve, reject) => {
      setTimeout(() => resolve(), wait);
    });
  };


  /**
   * イベントハンドラを追加する
   */
```

```
  static addEventListener = (selector, event, handler) => {
    document.querySelectorAll(selector).forEach((e) => e.addEve
ntListener(event, handler));
  };

  /**
   * 数値を合計する
   */
  static sum = (...numbers) => {
    let sum = 0;
    numbers.forEach((e) => {
      sum += e;
    });
    return sum;
  };
}
```

　sleep と addEventListener は174ページ、sum は197ページで作成したメソッドです。

● どこで使う？

　sleepメソッドは、プレイヤーと相手（Com）がお互いに自分の手札を山札と交換するときに使います。待ち時間が無いと、一瞬で交換が終わってしまい、何が起こったのかわからないからです。

　addEventListenerメソッドは、プレイヤーが手札を選択（クリック）したときや、Draw/Replayボタンをクリックしたときのイベントハンドラを登録するために使います。

　sumメソッドは、役を構成するカードのランク（数字）を合計するときに使います。

カード（Card）クラスを実装しよう

 Cardクラスの作成

　カードクラスは、カードの数字（rank）、カードの絵柄（suit）、カードのインデックス番号（index）の3つのプロパティを持ちます（192ページ）。これらのプロパティは、カードのインスタンスに固有の情報なので、外部のプログラムからの直接的なアクセスを防ぐために#をつけて private スコープに隠蔽し、アクセサ（getter/setter）を用意します。アクセサの目的と構文は66ページを参照してください。

card.js

```
/**
 * Card クラス
 */
export default class Card {
  /**
   * プロパティ
   */
  #rank; // 数字（2 〜 14（J、Q、K、Aは11,12,13,14））
  #suit; // 絵柄（1: スペード,2: クローバー ,3: ダイヤ,4: ハート）
  #index; // インデックス番号（1 〜 52）
```

```
/**
 * カードの数字
 */
get rank() {
  return this.#rank;
}

set rank(rank) {
  this.#rank = rank;
}

/**
 * カードの図柄
 */
get suit() {
  return this.#suit;
}

set suit(suit) {
  this.#suit = suit;
}

/**
 * カードのインデックス番号
 */
get index() {
  return this.#index;
}
```

```
set index(index) {
  this.#index = index;
}


/**
 * コンストラクタ
 */
constructor() {
}
}
```

● コンストラクタ

　カードクラスのコンストラクタの目的は、3つのプロパティに具体的な値を設定することです。

　ただし、「rankとsuit」と「index」は計算によって互いに変換できるので、どちらか一方を与えれば十分です。ここでは「index」を引数で与えることにしましょう。

<u>card.js</u>

```
/**
 * コンストラクタ
 */
constructor(index) {
  this.rank = ((index - 1) % 13) + 1;
  // Aのカードはランク14として扱う
  if (this.rank === 1) {
    this.rank = 14;
  }
```

```
  this.suit = Math.floor((index - 1) / 13) + 1;
  this.index = index;
}
```

　indexからrankとsuitを求める計算式は189ページで示しましたが、次の表で対応関係を再確認しておきましょう。rankもsuitもindexが13増えるごとに周期的な変化をします。13で割った余りと、13で割った商（小数点以下は切り捨て）を利用すれば、周期性を計算結果に反映することができます。

indexからrankとsuitを計算する

◉カードの index

カード	A	2	3	4	5	6	7	8	9	10	J	Q	K
♠	1	2	3	4	5	6	7	8	9	10	11	12	13
♣	14	15	16	17	18	19	20	21	22	23	24	25	26
♦	27	28	29	30	31	32	33	34	35	36	37	38	39
♥	40	41	42	43	44	45	46	47	48	49	50	51	52

◉カードのランク（(index - 1) % 13）+ 1　の計算結果

カード	A	2	3	4	5	6	7	8	9	10	J	Q	K
♠	1	2	3	4	5	6	7	8	9	10	11	12	13
♣	1	2	3	4	5	6	7	8	9	10	11	12	13
♦	1	2	3	4	5	6	7	8	9	10	11	12	13
♥	1	2	3	4	5	6	7	8	9	10	11	12	13

◉カードのスート Math.floor((index - 1) / 13) + 1　の計算結果

カード	A	2	3	4	5	6	7	8	9	10	J	Q	K
♠	1	1	1	1	1	1	1	1	1	1	1	1	1
♣	2	2	2	2	2	2	2	2	2	2	2	2	2
♦	3	3	3	3	3	3	3	3	3	3	3	3	3
♥	4	4	4	4	4	4	4	4	4	4	4	4	4

いくつか実際に計算して
確認しておこう

役(Pair)クラスを実装しよう

Pairクラスの作成

役クラスは、9種類の役の成否を判定するメソッド（193ページ）と、それらの中で成立条件を満たす最も強い役を判定するメソッド（195ページ）を持ちます。これらのメソッドは、役クラスをインスタンス化しなくても利用できたほうが便利なので、staticキーワードをつけて静的メソッドにします。

すると、クラスの外観は次のようになります。

pair.js

```javascript
import Util from "./util.js";
/**
 * Pair クラス
 */
export default class Pair {
  /**
   * プロパティ
   */
  static #rank = 0; // 役を構成するランク
```

```
/**
 * ロイヤルストレートフラッシュの成否を判定する
 */
static isRoyalStraightFlush = (cards) => {};


/**
 * ストレートフラッシュの成否を判定する
 */
static isStraightFlush = (cards) => {};


/**
 * フォーカードの成否を判定する
 */
static isFourCard = (cards) => {};


/**
 * フルハウスの成否を判定する
 */
static isFullHouse = (cards) => {};


/**
 * フラッシュの成否を判定する
 */
static isFlush = (cards) => {};


/**
 * ストレートの成否を判定する
 */
```

```javascript
  static isStraight = (cards) => {};

  /**
   * スリーカードの成否を判定する
   */
  static isThreeCard = (cards) => {};

  /**
   * ツーペアの成否を判定する
   */
  static isTwoPair = (cards) => {};

  /**
   * ワンペアの成否を判定する
   */
  static isOnePair = (cards) => {};

  /**
   * 成立条件を見たす最も強い役を判定する
   */
  static judge = (cards) => {};
}
```

　これらのメソッドは、プレイヤーまたは相手（Com）の手札（カードオブジェクトの配列）を受け取ります。役を構成するランクを計算するためのプロパティ rank はクラス内部でしか使用しないので、# をつけて private（非公開）にします。

● ロイヤルストレートフラッシュの判定

　ロイヤルストレートフラッシュは、ランク（数字）が 10, J, Q, K, A でスート（絵柄）が5枚とも同じ場合に成立します（例：J,A,K,10,Q）。

```
/**
 * ロイヤルストレートフラッシュの成否を判定する
 */
static isRoyalStraightFlush = (cards) => {
  // 役の判定フラグ（true:成立,false:不成立）
  let isPair = false;
  // 5枚とも同じ絵柄でランクが [10,11,12,13,14]
  if (
    cards[0].suit === cards[1].suit && // 1,2枚目が同じ絵柄
    cards[0].suit === cards[2].suit && // 1,3枚目が同じ絵柄
    cards[0].suit === cards[3].suit && // 1,4枚目が同じ絵柄
    cards[0].suit === cards[4].suit && // 1,5枚目が同じ絵柄
    cards[0].rank === 10 && // 1枚目のランクが10
    cards[1].rank === 11 && // 2枚目のランクが11(J)
    cards[2].rank === 12 && // 3枚目のランクが12(Q)
    cards[3].rank === 13 && // 4枚目のランクが13(K)
    cards[4].rank === 14 // 5枚目のランクが14(A)
  ) {
    isPair = true;
    // 5枚のランクを合計
    this.#rank = Util.sum(cards[0].rank, cards[1].rank, cards[2].rank, cards[3].rank, cards[4].rank);
  }
  return isPair;
```

```
};
```

　このメソッドの役目は役の成否を返すことですが、判定のついでに役を構成するカードのランクを合計して、クラスのrankプロパティに入れて保持しておきます。あとからjudgeメソッドが参照します。

> **Point!** 🐊
> **引数のカードは、あらかじめランクが小さい順にソートされている必要があります。**

● ストレートフラッシュの判定

　ストレートフラッシュは、スート（絵柄）が5枚とも同じでランク（数字）が連続する場合に成立します（例：2,3,4,5,6）。

```
/**
 * ストレートフラッシュの成否を判定する
 */
static isStraightFlush = (cards) => {
  // 役の判定フラグ (true:成立,false:不成立)
  let isPair = false;
  // 5枚とも同じ絵柄でランクが連続
  if (
    cards[0].suit === cards[1].suit && // 1,2枚目が同じ絵柄
    cards[0].suit === cards[2].suit && // 1,3枚目が同じ絵柄
    cards[0].suit === cards[3].suit && // 1,4枚目が同じ絵柄
    cards[0].suit === cards[4].suit && // 1,5枚目が同じ絵柄
    // 1,2枚目のランクが連続
    cards[0].rank + 1 === cards[1].rank &&
```

```
  // 2,3枚目のランクが連続
  cards[1].rank + 1 === cards[2].rank &&
  // 3,4枚目のランクが連続
  cards[2].rank + 1 === cards[3].rank &&
  // 4,5枚目のランクが連続
  cards[3].rank + 1 === cards[4].rank
 ) {
  isPair = true;
  // 5枚のランクを合計
  this.#rank = Util.sum(cards[0].rank, cards[1].rank, cards[2].r
ank, cards[3].rank, cards[4].rank);
 }
 return isPair;
};
```

● フォーカードの判定

　フォーカードは、カード4枚のランク（数字）が同じ場合に成立します（例：A,A,5,A,A）。判定に使うカードがランクの小さい順にソートされていれば、役が成立するのは「1枚目から4枚目までが同じランク」「2枚目から5枚目までが同じランク」の2パターンしかありません。このことに注目して、ランクの組み合わせを判定しましょう。

```
/**
 * フォーカードの成否を判定する
 */
static isFourCard = (cards) => {
 // 役の判定フラグ（true:成立,false:不成立）
 let isPair = false;
```

```javascript
  // 1枚目から4枚目までのランクが同じ
  if (
    cards[0].rank === cards[1].rank && // 1,2枚目が同じランク
    cards[0].rank === cards[2].rank && // 1,3枚目が同じランク
    cards[0].rank === cards[3].rank && // 1,4枚目が同じランク
    // 1,5枚目のランクが異なる
    cards[0].rank !== cards[4].rank
  ) {
    isPair = true;
    // 1枚目から4枚目までのランクを合計
    this.rank = Util.sum(cards[0].rank, cards[1].rank, cards[2].rank, cards[3].rank);
  }
  // 2枚目から5枚目までのランクが同じ
  else if (
    // 1,2枚目のランクが異なる
    cards[0].rank !== cards[1].rank &&
    cards[1].rank === cards[2].rank && // 2,3枚目が同じランク
    cards[1].rank === cards[3].rank && // 2,4枚目が同じランク
    cards[1].rank === cards[4].rank // 2,5枚目が同じランク
  ) {
    isPair = true;
    // 2枚目から5枚目までのランクを合計
    this.#rank = Util.sum(cards[1].rank, cards[2].rank, cards[3].rank, cards[4].rank);
  }
  return isPair;
};
```

● フルハウスの判定

　フルハウスは、5枚のうち3枚が同じランクで、残り2枚も同じランクの場合に成立します（例：3,3,K,3,K）。判定に使うカードがランクの小さい順にソートされていれば、「1〜2枚目と3〜5枚目がそれぞれ同じランク」「1〜3枚目と4〜5枚目がそれぞれ同じランク」の2パターンしかありません。

```
/**
 * フルハウスの成否を判定する
 */
static isFullHouse = (cards) => {
  // 役の判定フラグ（true:成立,false:不成立）
  let isPair = false;
  // 1,2枚目と3〜5枚目のランクが同じ
  if (
    cards[0].rank === cards[1].rank && // 1,2枚目が同じランク
    // 2,3枚目のランクが異なる
    cards[1].rank !== cards[2].rank &&
    cards[2].rank === cards[3].rank && // 3,4枚目が同じランク
    cards[2].rank === cards[4].rank // 3,5枚目が同じランク
  ) {
    isPair = true;
    // 5枚のランクを合計
    this.#rank = Util.sum(cards[0].rank, cards[1].rank, cards[2].rank, cards[3].rank, cards[4].rank);
  }
  // 1〜3枚目と4,5枚目のランクが同じ
  else if (
```

```
  cards[0].rank === cards[1].rank && // 1,2枚目が同じランク
  cards[0].rank === cards[2].rank && // 1,3枚目が同じランク
  // 3,4枚目のランクが異なる
  cards[2].rank !== cards[3].rank &&
  cards[3].rank === cards[4].rank // 4,5枚目が同じランク
) {
  isPair = true;
  // 5枚のランクを合計
  this.#rank = Util.sum(cards[0].rank, cards[1].rank, cards[2].ra
nk, cards[3].rank, cards[4].rank);
}
return isPair;
};
```

● フラッシュの判定

　フラッシュは、スート(絵柄)が5枚とも同じ場合に成立します(例：
全てハート)。ロイヤルストレートフラッシュとストレートフラッ
シュの判定条件から、ランクに関する条件を外したメソッドになり
ます。

```
/**
 * フラッシュの成否を判定する
 */
static isFlush = (cards) => {
  // 役の判定フラグ (true:成立,false:不成立)
  let isPair = false;
  // 5枚とも同じ絵柄
  if (
```

```
    cards[0].suit === cards[1].suit && // 1,2枚目が同じ絵柄
    cards[0].suit === cards[2].suit && // 1,3枚目が同じ絵柄
    cards[0].suit === cards[3].suit && // 1,4枚目が同じ絵柄
    cards[0].suit === cards[4].suit // 1,5枚目が同じ絵柄
  ) {
    isPair = true;
    // 5枚のランクを合計
    this.#rank = Util.sum(cards[0].rank, cards[1].rank, cards[2].rank, cards[3].rank, cards[4].rank);
  }
  return isPair;
};
```

● ストレートの判定

　ストレートは、5枚のランク（数字）が連続する場合に成立します（例：7,6,4,5,3）。ストレートフラッシュの判定条件から、スート（絵柄）に関する条件を外したメソッドになります。

```
/**
 * ストレートの成否を判定する
 */
static isStraight = (cards) => {
  // 役の判定フラグ（true:成立,false:不成立）
  let isPair = false;
  // 5枚のランクが連続
  if (
    // 1,2枚目のランクが連続
    cards[0].rank + 1 === cards[1].rank &&
```

```
  // 2,3枚目のランクが連続
  cards[1].rank + 1 === cards[2].rank &&
  // 3,4枚目のランクが連続
  cards[2].rank + 1 === cards[3].rank &&
  // 4,5枚目のランクが連続
  cards[3].rank + 1 === cards[4].rank
) {
  isPair = true;
  // 5枚のランクを合計
  this.#rank = Util.sum(cards[0].rank, cards[1].rank, cards[2].rank, cards[3].rank, cards[4].rank);
}
return isPair;
};
```

● スリーカードの判定

スリーカードは、5枚のうち3枚が同じランクの場合に成立します（例：Q,2,9,2,2）。判定に使うカードがランクの小さい順にソートされていれば、「1～3枚目が同じランク」「2～4枚目が同じランク」「3～5枚目が同じランク」の3パターンしかありません。

```
/**
 * スリーカードの成否を判定する
 */
static isThreeCard = (cards) => {
  // 役の判定フラグ（true:成立,false:不成立）
  let isPair = false;
  // 1～3枚目が同じランク
```

```
if (
  cards[0].rank === cards[1].rank && // 1,2枚目が同じランク
  cards[0].rank === cards[2].rank // 1,3枚目が同じランク
) {
  isPair = true;
  // 1～3枚目のランクを合計
  this.#rank = Util.sum(cards[0].rank, cards[1].rank, cards[2].rank);
}
// 2～4枚目が同じランク
else if (
  cards[1].rank === cards[2].rank && // 2,3枚目が同じランク
  cards[1].rank === cards[3].rank // 2,4枚目が同じランク
) {
  isPair = true;
  // 2～4枚目のランクを合計
  this.#rank = Util.sum(cards[1].rank, cards[2].rank, cards[3].rank);
}
// 3～5枚目が同じランク
else if (
  cards[2].rank === cards[3].rank && // 3,4枚目が同じランク
  cards[2].rank === cards[4].rank // 3,5枚目が同じランク
) {
  isPair = true;
  // 3～5枚目のランクを合計
  this.#rank = Util.sum(cards[2].rank, cards[3].rank, cards[4].rank);
```

```
  }
  return isPair;
};
```

● ツーペアの判定

ツーペアは、同じランクのペアが2組ある場合に成立します（例：
9,9,3,6,3）。判定に使うカードがランクの小さい順にソートされてい
れば、「1、2枚目と3、4枚目が同じランク」「1、2枚目と4、5枚目
が同じランク」「2、3枚目と4、5枚目が同じランク」の3パターンし
かありません。

```
/**
 * ツーペアの成否を判定する
 */
static isTwoPair = (cards) => {
  // 役の判定フラグ (true:成立 ,false:不成立 )
  let isPair = false;
  // 1,2枚目と3,4枚目が同じランク
  if (
   cards[0].rank === cards[1].rank && // 1,2枚目が同じランク
   cards[2].rank === cards[3].rank // 3,4枚目が同じランク
  ) {
   isPair = true;
   // 1,2枚目と3,4枚目のランクを合計
   this.#rank = Util.sum(cards[0].rank, cards[1].rank, cards[2].rank, cards[3].rank);
  }
  // 1,2枚目と4,5枚目が同じランク
```

```
else if (
  cards[0].rank === cards[1].rank && // 1,2枚目が同じランク
  cards[3].rank === cards[4].rank // 4,5枚目が同じランク
) {
  isPair = true;
  // 1,2枚目と4,5枚目のランクを合計
  this.#rank = Util.sum(cards[0].rank, cards[1].rank, cards[3].ra
nk, cards[4].rank);
}
// 2,3枚目と4,5枚目が同じランク
else if (
  cards[1].rank === cards[2].rank && // 2,3枚目が同じランク
  cards[3].rank === cards[4].rank // 4,5枚目が同じランク
) {
  isPair = true;
  // 2,3枚目と4,5枚目のランクを合計
  this.#rank = Util.sum(cards[1].rank, cards[2].rank, cards[3].ra
nk, cards[4].rank);
}
return isPair;
};
```

● ワンペアの判定

　ワンペアは、同じランクのペアが1組ある場合に成立します（例：6,K,9,5,9）。判定に使うカードがランクの小さい順にソートされていれば、「1、2枚目が同じランク」「2、3枚目が同じランク」「3、4枚目が同じランク」「4、5枚目が同じランク」の4パターンしかありません。

```javascript
/**
 * ワンペアの成否を判定する
 */
static isOnePair = (cards) => {
  // 役の判定フラグ（true:成立,false:不成立）
  let isPair = false;
  // 1,2枚目が同じランク
  if (cards[0].rank === cards[1].rank) {
    isPair = true;
    // 1,2枚目のランクを合計
    this.#rank = Util.sum(cards[0].rank, cards[1].rank);
  }
  // 2,3枚目が同じランク
  else if (cards[1].rank === cards[2].rank) {
    isPair = true;
    // 2,3枚目のランクを合計
    this.#rank = Util.sum(cards[1].rank, cards[2].rank);
  }
  // 3,4枚目が同じランク
  else if (cards[2].rank === cards[3].rank) {
    isPair = true;
    // 3,4枚目のランクを合計
    this.#rank = Util.sum(cards[2].rank, cards[3].rank);
  }
  // 4,5枚目が同じランク
  else if (cards[3].rank === cards[4].rank) {
    isPair = true;
    // 4,5枚目のランクを合計
```

```
  this.#rank = Util.sum(cards[3].rank, cards[4].rank);
 }
 return isPair;
};
```

　これで全ての役の判定メソッドが揃いました。これらを利用して、成立条件を見たす最も強い役を判定するjudgeメソッドを実装しましょう。

● 成立条件を見たす最も強い役の判定

　judgeメソッドは、役が強い順番に判定を行い、成立した役の強さ、役を構成するランク、役の名前をオブジェクトに詰め込んで返します（195ページ）。

　役の強さを、ワンペア（1）からロイヤルストレートフラッシュ（9）までの9段階（193ページ）として、処理の流れを考えてみましょう。

```
/**
 * 成立条件を見たす最も強い役を判定する
 */
static judge = (cards) => {
 // 判定結果
 let result = null;
 /**
  * 役が強い順に判定する
  */
 // ロイヤルストレートフラッシュの判定
 if (this.isRoyalStraightFlush(cards)) {
  result = {
```

```javascript
    strength: 9,
    rank: this.rank,
    hand: "ロイヤルストレートフラッシュ",
  };
}
・・・中略・・・
// ワンペアの判定
else if (this.isOnePair(cards)) {
  result = {
    strength: 1,
    rank: this.rank,
    hand: "ワンペア",
  };
}
// 役が成立していない場合
else {
  result = {
    strength: 0,
    rank: 0,
    hand: "役なし",
  };
}
return result;
};
```

　大事な処理が1つ抜けていることに気がついたでしょうか？　カードの配列cardsをランクが小さい順にソートする処理です。judgeメソッドはプレイヤーと相手（Com）の手札を画面に並んだそのままの

順番で受け取るので、受け取った直後にソートしましょう。

ただし、次のコードは間違いです。

```
static judge = (cards) => {
  // 判定結果
  let result = null;
  // ランクが小さい順にカードをソートする
  cards.sort((a, b) => a.rank - b.rank);
  ・・・中略・・・
}
```

sortは破壊的（101ページ）メソッドなので、実行するとcards内の要素の順番が変わってしまいます。JavaScriptの配列はオブジェクトであり、オブジェクトは参照渡しになるので、上のコードだとプレイヤーや相手（Com）の手札の順番が書き換わってしまいます。

このような場合は、受け取ったcardsを複製して、複製した配列をソートして判定に使います。

```
static judge = (cards) => {
  // 判定結果
  let result = null;
  // カード配列のコピーを作成する
  const _cards = [...cards];
  // ランクが小さい順にカードをソートする
  _cards.sort((a, b) => a.rank - b.rank);
  ・・・中略・・・
}
```

配列をコピーする方法はいくつかあります。sliceメソッドを使う方法（106ページ）でもよいのですが、ここではスプレッド構文を使う方法（124ページ）を採用します。[...cards]という記述からは、元の配列を展開（要素をひとつずつ取り出して並べる）したものを要素とする新しい配列を宣言しているという意図が読み取りやすいからです。

こうしてコピーした配列を、役の判定メソッドに渡します。

```javascript
/**
 * 成立条件を見たす最も強い役を判定する
 */
static judge = (cards) => {
  // 判定結果
  let result = null;
  // カード配列のコピーを作成する
  const _cards = [...cards];
  // ランクが小さい順にカードをソートする
  _cards.sort((a, b) => a.rank - b.rank);
  /**
   * 役が強い順に判定する
   */
  // ロイヤルストレートフラッシュの判定
  if (this.isRoyalStraightFlush(_cards)) {
    result = {
      strength: 9,
      rank: this.#rank,
      hand: "ロイヤルストレートフラッシュ ",
```

```javascript
      };
    }
    // ストレートフラッシュの判定
    else if (this.isStraightFlush(_cards)) {
      result = {
        strength: 8,
        rank: this.#rank,
        hand: "ストレートフラッシュ",
      };
    }
    // フォーカードの判定
    else if (this.isFourCard(_cards)) {
      result = {
        strength: 7,
        rank: this.#rank,
        hand: "フォーカード",
      };
    }
    // フルハウスの判定
    else if (this.isFullHouse(_cards)) {
      result = {
        strength: 6,
        rank: this.#rank,
        hand: "フルハウス",
      };
    }
    // フラッシュの判定
    else if (this.isFlush(_cards)) {
```

```javascript
    result = {
      strength: 5,
      rank: this.#rank,
      hand: "フラッシュ",
     };
  }
  // ストレートの判定
  else if (this.isStraight(_cards)) {
    result = {
      strength: 4,
      rank: this.#rank,
      hand: "ストレート",
     };
  }
  // スリーカードの判定
  else if (this.isThreeCard(_cards)) {
    result = {
      strength: 3,
      rank: this.#rank,
      hand: "スリーカード",
     };
  }
  // ツーペアの判定
  else if (this.isTwoPair(_cards)) {
    result = {
      strength: 2,
      rank: this.#rank,
      hand: "ツーペア",
```

```
    };
  }
  // ワンペアの判定
  else if (this.isOnePair(_cards)) {
    result = {
      strength: 1,
      rank: this.#rank,
      hand: "ワンペア",
    };
  }
  // 役が成立していない場合
  else {
    result = {
      strength: 0,
      rank: 0,
      hand: "役なし",
    };
  }
  return result;
};
```

　これでPairクラスは完成です。プレイヤーの手札と相手（Com）の
手札についてjudgeメソッドを呼び出して戻り値を比較すれば、どち
らがどの役で勝ったのか（負けたのか）がわかります。まずは役の強
さ（strength）同士を比較して、同点だったら次はランク（rank）同士
を比較します。

プレイヤー（Player）クラスを実装しよう

Playerクラスの作成

　プレイヤークラスは、手札（cards）、手札のノード（nodes）、選択しているノード（selectedNodes）の3つのプロパティを持ちます（187ページ）。これらのプロパティは、プレイヤーのインスタンスに固有の情報なので、privateスコープに隠蔽し、ゲッター（getter）を用意します。セッター（setter）は使う場面がないので作成しません。

● データの二重持ちを回避する

　手札のノードはHTMLに固定されているので、nodesプロパティとselectedNodesプロパティは同じノードを共有することになります。selectedNodesが指すノードは全てnodesに含まれているからです。

ノードの包含関係

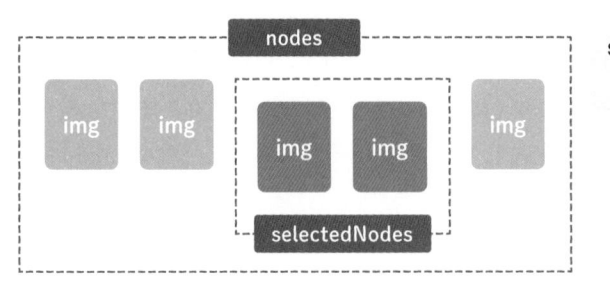

selectedNodes
はnodesの
一部だよ

　プロパティが指すデータに包含関係がある場合、同じデータのコピーを各プロパティに持たせてしまうと、どちらか一方のプロパティを変更したときもう一方のプロパティにも同じ変更を加えなければデータに不整合が生じてしまいます。

　このような場合は、同じデータのコピーを持たせるのではなく、データの集合が大きいプロパティ（nodes）だけにデータを持たせ、データの集合が小さいプロパティ（selectedNodes）はそこから部分集合を抜き出す（フィルタリングする）ように考えます。

　もしnodesが配列なら、filterメソッド（117ページ）を使って、プレイヤーが選択しているノードだけを抜き出すことができます。よって、次のようなゲッターにselectedNodesという名前をつけると、あたかもselectedNodesという別個のプロパティが存在しているかのように見えます。

```
/**
 * 選択しているノード（リスト）
 */
get selectedNodes() {
  // nodesの中から条件を満たす要素だけを集めた新しい配列
  return this.nodes.filter((node) => 条件式);
}
```

　条件式は、プレイヤーが選択しているノードと選択していないノードをどのように区別するかで決まります。選択しているノードにはselectedというclassをつけることにしている（210ページ）ので、次のような条件で抜き出すことができます。

```
/**
 * 選択しているノード（リスト）
 */
get selectedNodes() {
  return this.nodes.filter((node) =>
      node.classList.contains("selected"));
}
```

classList は DOM のノード（HTMLElement オブジェクト）のプロパティで、要素が持っている class 名のリストを表します。contains は指定した値がリストに含まれるかどうかを判定するメソッドです。

ところが1つ問題があります。filter は配列（Array オブジェクト）のメソッドですが、Selectors API などを使って取り出したノードのリストは配列ではないので、filter が使えません。

```
this.nodes = document.querySelectorAll(".card.you");
nodes.filter(…); // エラー！
```

> Point! 🐾
>
> ノードのリストは NodeList という配列に似たオブジェクトですが JavaScript の配列ではありません。配列と同じ length プロパティを持っているので for 文は使えますが、配列専用の forEach メソッドや filter メソッドなどは使えません。

この問題を解決するには、nodes を NodeList オブジェクトではなくノードを要素とする配列（Array オブジェクト）にしたものをプロパティに持たせます。

```
this.nodes = Array.from(
        document.querySelectorAll(".card.you"));
nodes.filter(…); // OK!
```

　from は配列オブジェクトのメソッドです（111ページ）。こうすることで、nodes プロパティを配列として扱うことができます。

　ここまでの考察を踏まえると、プレイヤークラスの外観は次のようになります。手札を操作するのでカードクラスをインポートします。

player.js

```
import Card from "./card.js";
/**
 * Player クラス
 */
export default class Player {
  /**
   * プロパティ
   */
  #cards; // プレイヤーの手札
  #nodes; // 手札のノード

  /**
   * プレイヤーの手札
   */
  get cards() {
    return this.#cards;
  }
```

```javascript
/**
 * 手札のノード(リスト)
 */
get nodes() {
  return this.#nodes;
}

/**
 * 選択しているノード(リスト)
 */
get selectedNodes() {
  return this.nodes.filter((node) =>
      node.classList.contains("selected"));
}

/**
 * コンストラクタ
 */
constructor(selector) {
  // プロパティを初期化する
  this.#nodes = Array.from(
                  document.querySelectorAll(selector));
  this.#cards = [];
}

/**
 * 手札を描画する
```

```
 */
displayCard() {};


/**
 * 新しいカードを手札に追加する
 */
addCard() {};


/**
 * 交換するカードを選択する
 */
selectCard() {};


/**
 * 山札からカードを引いて交換する
 */
drawCard() {};
}
```

　手札のノードを指すセレクタは、プレイヤーが".card.you"、相手
（Com）が".card.com"です（☞207 ～ 208ページ）。相手（Com）クラ
スはプレイヤークラスを継承して作成するので、セレクタはコンス
トラクタの引数で受け取ることにします。こうすれば、相手クラス
はプレイヤークラスと全く同じコンストラクタ、同じプロパティが
使えるので、コードの量を最小限に抑えることに役立ちます（相手ク
ラスの最終的なコードは269ページを参照してください）。

手札の描画（displayCard）

　displayCardメソッドの役目は、5枚の手札に対応した画像をノードに割り当てて描画することです。

　画像はimg要素を使って描画するので、どのノードにどの画像ファイルを割り当てるかをプログラムで制御する必要があります。

　次の図のように、画像のファイル名をカードのインデックス番号に対応させると規則性が生まれるので、プログラムで処理しやすくなります。

手札の描画

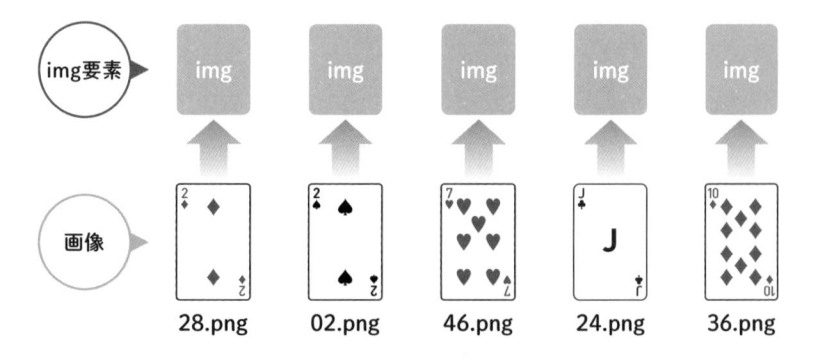

カードとファイル名の対応関係

カード	A	2	3	4	5	6	7	8	9	10	J	Q	K
♠	01	02	03	04	05	06	07	08	09	10	11	12	13
♣	14	15	16	17	18	19	20	21	22	23	24	25	26
♦	27	28	29	30	31	32	33	34	35	36	37	38	39
♥	40	41	42	43	44	45	46	47	48	49	50	51	52

ファイル名に規則性を
持たせるのがポイント

　画像のファイル名は、♠のAが01.png、♥のKが52.png、のようにインデックス番号と対応しています。たとえば手札の1枚目の

インデックス番号が28だったら、1つ目のimg要素に表示するのは28.png（◆の2）ということになります。

　すると、displayCardメソッドは次のようになります。

```
/**
 * 手札を描画する
 */
displayCard() {
  // 手札のループ
  this.cards.forEach((card, index) => {
    // 表示する画像のファイル名
    let name = String(card.index).padStart(2, "0") + ".png";
    // カードの画像をセット
    this.nodes[index].setAttribute("src", "images/" + name);
  });
};
```

　手札（cards）を1枚ずつ繰り返し、カードのインデックス番号に対応する画像のファイル名を調べ、同じ位置にあるノードに画像をセットします。img要素はsrc属性を設定すると画像が表示され、src属性を変更すると画像も変わります。インデックス番号が1桁のカードは03、04のように先頭に0をつけて2桁のファイル名にする必要があるので、文字列オブジェクトのpadStartメソッドを利用してフォーマットを揃えます。

＜参考URL＞ String.prototype.padStart() - JavaScript | MDN
https://developer.mozilla.org/ja/docs/Web/JavaScript/Reference/
Global_Objects/String/padStart

ところで、相手（Com）はカードを交換するまでの間、手札を裏返して隠しておかなければなりません。

相手（Com）の手札

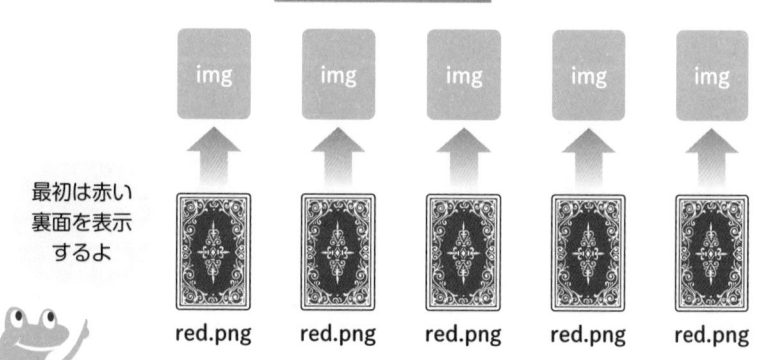

最初は赤い
裏面を表示
するよ

裏面の画像ファイル名はred.pngです。カードのインデックス番号とは何の関係もないので、前ページのdisplayCardメソッドでは表示できません。どうすればよいでしょうか？

相手（Com）クラスにだけ専用のメソッドを実装して、displayCardメソッドと使い分ければ実現できますが、表面を描画するメソッドと裏面を描画するメソッドが分かれてしまうことになります。

メソッドを分けると？

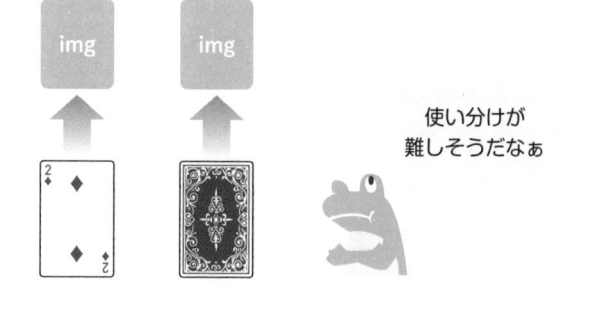

使い分けが
難しそうだなぁ

　似た機能が必要になったとき、最初からメソッドを分けることを
考えるのではなく、同じメソッドで引数や条件分岐を使って挙動を
切り替えることができないかどうかを考えましょう。この場合、表
面と裏面のどちらを表示するかを引数で指定すれば済むので、次の
ように書き換えましょう。

```
/**
 * 手札を描画する
 */
displayCard(front) {
  // 手札のループ
  this.cards.forEach((card, index) => {
    // 表示する画像のファイル名
    let name = String(card.index).padStart(2, "0") + ".png";
    // 裏面を表示する場合は画像を変更
    if (!front) {
      name = "red.png";
    }
    // カードの画像をセット
    this.nodes[index].setAttribute("src", "images/" + name);
  });
};
```

　表面を表示する場面ではdisplayCard(true)、裏面を表示する場面
ではdisplayCard(false)のように使い分けます。プレイヤーは常に
displayCard(true)を使います。こうすれば相手クラスの手札も同じ
メソッドを利用して表示できます。

● 手札の追加（addCard）

　addCardメソッドの役目は、ゲーム開始時に配られる5枚のカードを手札に追加することです。

　追加するカードは山札の一番上から取り出しますが、プレイヤークラスは山札に積まれているカードの内容も順番も知りません。配るカードを決めるのはメインプログラムの役目だからです。そのため、addCardメソッドは追加するカードを引数で受け取ります。

```
/**
 * 新しいカードを手札に追加する
 */
addCard(newCard) {
};
```

　メソッド内でするべきことは2つあります。1つ目は、手札のプロパティ（cards）に新しいカードを追加することです。2つ目は、手札を追加した位置にあるノードのdata属性に、カードのインデックス番号を書き込むことです（data属性の用途は188ページを参照してください）。

```
/**
 * 新しいカードを手札に追加する
 */
addCard(newCard) {
  // 新しいカードを手札の最後尾に追加
  this.cards.push(newCard);
  // 最後尾のノードにカードのインデックス番号を書き込む
  this.nodes[this.cards.length - 1]
```

```
    .dataset.index = newCard.index;
};
```

data属性の操作は次のように行います。

書式

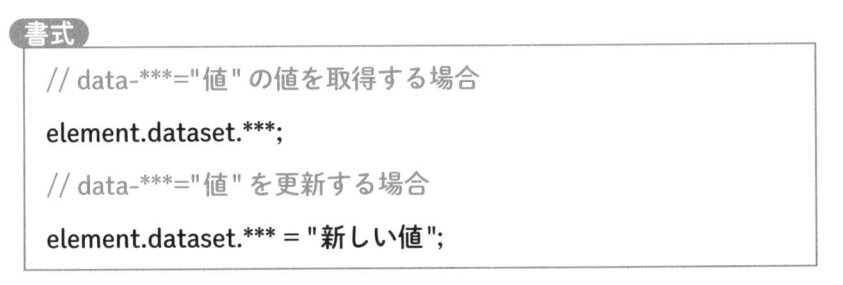

```
// data-***="値" の値を取得する場合
element.dataset.***;
// data-***="値" を更新する場合
element.dataset.*** = "新しい値";
```

addCard メソッドのイメージ

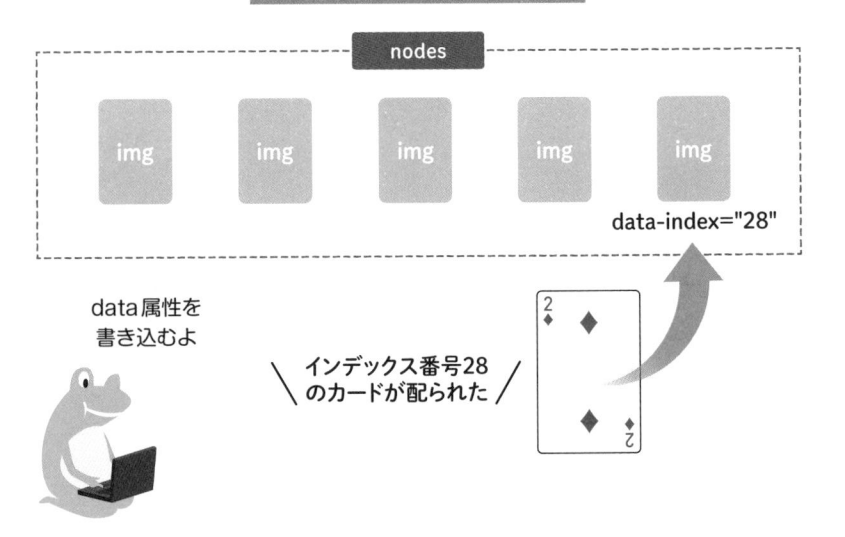

● 交換するカードを選択する（selectCard）

　selectCardメソッドの役目は、プレイヤーが手札をクリックまたはタップしたとき、そのカードが選択中であることをプログラムが認識できるように画像のノードに"selected"というclass名をつけることです。選択している手札をもう一度クリックしたときは、"selected"を削除して選択を解除します。

selectCardメソッドのイメージ

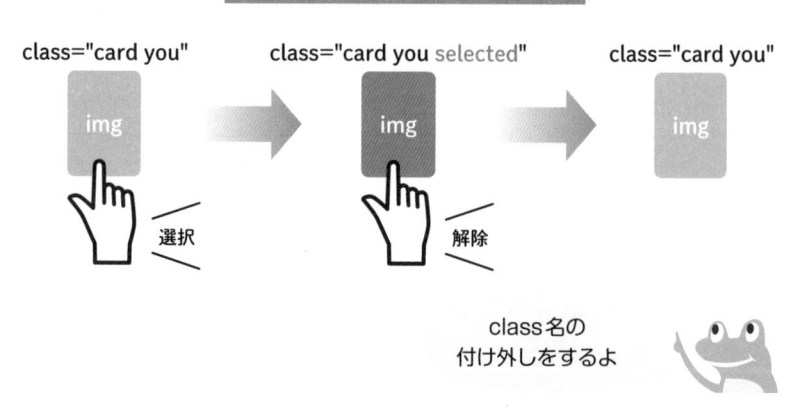

class="card you" 　　class="card you selected" 　　class="card you"

選択　　　　　解除

class名の
付け外しをするよ

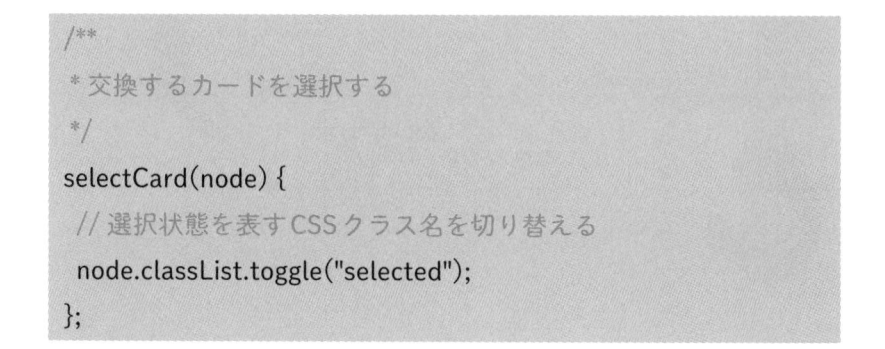

```
/**
 * 交換するカードを選択する
 */
selectCard(node) {
  // 選択状態を表すCSSクラス名を切り替える
  node.classList.toggle("selected");
};
```

　toggleメソッドはclassListが持つメソッドの1つで、指定したclass名が要素にあれば削除し、なければ追加します。クリックイベントが発生するたびに実行すれば、スイッチのONとOFFのように、

2つの異なる状態をclass名がついているかどうかで表すことができます。

　selectCardメソッドは、どの手札が選択されたかを知りませんし、知る必要もありません。知っているのはメインプログラムです。メインプログラムがクリックイベントを検出して、そのノードをプレイヤークラスのselectCardメソッドに渡す、というようにプレイヤークラスとメインプログラムの役割分担を考えることにしましょう。

＼Column／

DOMはECMAScriptの一部ではない

　HTMLのノードを表すHTMLElementオブジェクトや、DOMを操作するためのメソッド群はWeb APIであり、ECMAScriptの仕様書では定義されていません。とはいえ、ブラウザでJavaScriptを実行するアプリケーションにとってDOMの操作は重要なので、公式リファレンスを活用してプログラムの実装に活かしましょう。

ドキュメントオブジェクトモデル (DOM) - Web API | MDN
https://developer.mozilla.org/ja/docs/Web/API/Document_Object_Model

● 山札からカードを引いて交換する（drawCard）

　drawCardメソッドの役目は、選択しているカードを山札の一番下に戻し、山札から新しいカードを取り出して手札に加えることです。addCardメソッドと違って、新しいカードを手札の空いた場所（山札に戻したカードが置いてあった手札の場所）に追加します。

　交換の手順は186ページで整理しましたが、データをどのように更新していけば目的どおりの動作になるのかを図から考察していきましょう。

カードの交換手順

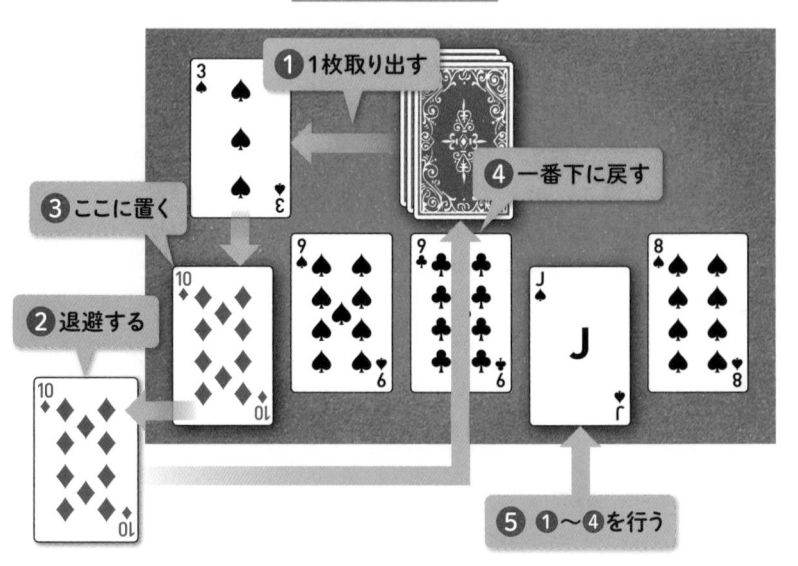

データの変化に
注目しよう

　プレイヤークラスは山札の状態を知らないので、addCardメソッドと同様に、メインプログラムが山札から新しいカードを取り出してdrawCardメソッドに引数として渡します。一方、メインプログラムはプレイヤーの手札の状態を知らないので、手順❹で山札に戻すカードをプレイヤーから教えてもらう必要があります。そのために、drawCardメソッドは❷で退避したカードを戻り値として返します。

　山札をcards、プレイヤーをyouとすると、メインプログラムは次のような形になります。

```
// ❺のループ
you.selectedNodes().forEach(() => {
  // ❶山札の一番上から1枚取り出し、drawCardに渡す
  const newCard = cards.pop();
  const oldCard = you.drawCard(newCard);
  // ❹drawCardから返されたカードを山札の一番下に戻す
  cards.unshift(oldCard);
});
```

　1行にまとめてもよいでしょう。

```
you.selectedNodes().forEach(() => {
  cards.unshift(you.drawCard(cards.pop()));
});
```

では、drawCardメソッド内の処理❷❸を考察しましょう。

　drawCardメソッドは選択しているノードの個数だけ繰り返し呼び出されるので、呼び出されるたびにselectedNodesから1つずつ要素を取り出して交換処理を行えばよい、ということになります。forEachメソッドは配列要素を先頭から順番に繰り返すので、繰り返しが終わった要素から順番に交換するために、shiftメソッド（104ページ）を使ってselectedNodesの先頭から取り出します。

```
// 選択しているノードを先頭から1つ取り出す
const node = this.selectedNodes.shift();
```

　このノードに置かれている手札が交換の対象です。手札を特定するには、ノードのdata属性に書き込まれているインデックス番号を調べます。

```
// このノードに書き込まれたインデックス番号を取得する
const index = parseInt(node.dataset.index);
```

　要素の属性値は文字列として取得されるので、標準関数のparseIntメソッドで数値型に変換します。
　次に、手札の中からindexと同じインデックス番号を持つカードを探します。配列の中から特定の条件を満たす要素を検索したいときはfindIndexメソッド（116ページ）が適しています。

```
// このノードに置かれた手札の位置を検索する
const pos = this.cards.findIndex((card) =>
                    card.index === index);
```

　posには、nodeに置かれたカードが手札の何番目にあるのかを表す位置が取得されます。これは手札の配列の要素番号なので、交換対象のカードはthis.cards[pos]になります。

　では、このカードを複製して退避します。

```
// この手札を複製して退避しておく
const oldCard = this.cards.slice(pos, pos + 1)[0];
```

　sliceメソッドを使ってposの位置にある手札を複製すると要素数1の配列が返ってくるので、[0]番目を取り出しています。

　退避が終わったので、ノードの位置にあるカードを新しいカードに置き換えます。新しいカード（newCard）はdrawCardメソッドの引数で受け取ったものとします。

```
// この手札を新しいカードで置き換える
this.cards[pos] = newCard;
```

　これで手札を新しいカードに交換できたので、次はノードの状態を更新しましょう。まず、data属性に新しいカードのインデックス番号を書き込みます。

```
// このノードに新しいカードのインデックス番号を書き込む
node.dataset.index = newCard.index;
```

　次に、ノードについていたclass名を削除して未選択の状態に戻します。

```
// このノードを未選択の状態に戻す
node.classList.remove("selected");
```

最後に、退避しておいたカードを呼び出し元へ返します。

```
// 退避したカードを返す
return oldCard;
```

ここまでの手順をつないだらdrawCardメソッドの完成です。

```
/**
 * 山札からカードを引いて交換する
 */
drawCard(newCard) {
  // 選択しているノードを先頭から1つ取り出す
  const node = this.selectedNodes.shift();
  // このノードに書き込まれたインデックス番号を取得する
  const index = parseInt(node.dataset.index);
  // このノードに置かれた手札の位置を検索する
  const pos = this.cards.findIndex((card) =>
                    card.index === index);
  // この手札を複製して退避しておく
  const oldCard = this.cards.slice(pos, pos + 1)[0];
  // この手札を新しいカードで置き換える
  this.cards[pos] = newCard;
  // このノードに新しいカードのインデックス番号を書き込む
  node.dataset.index = newCard.index;
  // このノードを未選択の状態に戻す
```

```
node.classList.remove("selected");
// 退避したカードを返す
return oldCard;
};
```

　これでプレイヤークラスは完成です。手札の追加や交換をすると
き、プレイヤークラスのメソッドに対して山札の全部を渡してしま
うのではなく、あくまでもメインプログラムが取り出したカードだ
けを渡すことがポイントです。

> **Point!** 🐾
>
> どこかからでも参照できるグローバル変数の乱用が好ましくないのと同
> じで、クラスなどのオブジェクトを部品として利用するプログラムにお
> いて、各部品が必要としていない情報を互いに交換するのは好ましくあ
> りません。最低限の情報だけを交換すれば済むように、処理の手順を設
> 計するべきです。

相手（Com）クラスを実装しよう

 Comクラスの作成

　相手クラスはプレイヤークラスを継承するので、同じプロパティとメソッドを持ちます。ただし、交換するカードの選択は自動（プログラム）で行わせるので、selectCardメソッドは相手クラスでオーバーライドします。

相手は自動でカードを選ぶ

> **Point!** 🐍 用語を整理しよう！
> スーパークラスのプロパティやメソッドをサブクラスで再定義する行為
> をオーバーライド（英：override）と呼びます。

相手クラスの外観は次のようになります。

com.js

```javascript
import Player from "./player.js";
/**
 * Com クラス
 */
export default class Com extends Player {
  /**
   * コンストラクタ
   */
  constructor(selector) {
    super(selector);
  }

  /**
   * 交換するカードを選択する
   */
  selectCard() {
    ・・・自動でカードを選択する・・・
  };
}
```

クラスを継承するにはスーパークラスの定義を読み込んでおく必要があるので、player.jsをインポートします。コンストラクタはプレイヤークラスと同じことをすればよいので、スーパークラスのコンストラクタを呼び出します（77ページ）。

● 自動でカードを選ぶ

selectCardメソッドはプレイヤークラスと違って引数を必要としません。プレイヤーの場合はクリック（またはタップ）イベントを通じて選択されたノードを引数で受け取りましたが、相手は選択する手札をプログラムで決定するので、メソッドの呼び出し元から情報を受け取る必要がないからです。

カードは191ページで考察した手順で選びます。

①役が揃っていない場合→5枚とも交換する
②弱い順に3番目までの役が揃っている場合→役に加わっていないカードだけ交換する
③それ以外の役が揃っている場合→1枚も交換しない

この手順を実装するためには、まず、相手が交換する前の手札で役が成立しているかどうかを調べる必要があります。その結果に応じて①②③のどれを行うかを分岐しなければならないからです。

ここで、先に作成したPairクラスのjudgeメソッド（236ページ）を利用します。judgeメソッドはカード5枚の配列を渡せば結果を返してくれるので、相手クラスの手札（this.cards）を渡します。

```
// 交換する前に成立している役の強さを調べる
const strength = Pair.judge(this.cards).strength;
```

　judgeメソッドの戻り値は、強さ、ランク、役の名前の3つを含む
オブジェクトですが、①②③を振り分けるには強さがわかれば十分
なので、strengthだけ取り出します。

　次に、①②③の分岐を記述しましょう。

```
// 役が成立していない場合
if (strength === 0) {
  // 5枚とも交換する
}
// ワンペア / ツーペア / スリーカードが成立している場合
else if (1 <= strength && strength <= 3) {
  // 役に加わっていないカードだけ交換する
}
// それ以外の役が揃っている場合
else {
  // 1枚も交換しない
}
```

　役の強さは193ページの表を参照してください。②の条件は「ワン
ペアからスリーカードまでのいずれか」なので、1から3になります。
③の分岐では何も処理を行わないので、else文は省略します。
　まず①の処理を考えましょう。相手の手札はいま、1枚も選択され
ていない状態です。この状態から、選択している状態に切り替える
には、プレイヤークラスで実装したselectCardメソッドと同じよう
に "selected" というクラス名を追加すればよいはずです。

```
node.classList.add("selected");
```

これを5枚の手札すべてについて実行すればよいので、

```
this.nodes.forEach((node) =>
        node.classList.add("selected"));
```

と記述できます。addは指定したclass名がノードについていなければ追加するメソッドですが、相手クラスの場合は必ず"selected"がついていない状態で実行することになるので、classList.toggle("selected")と実質的に同じです。

このことに注目すると、わざわざ青文字のコードを実装しなくても、プレイヤークラスのselectCardメソッドにnodeを渡して実行すればよい、ということに気づきます。

```
this.nodes.forEach((node) =>
        super.selectCard(node));
```

Point! 🐋

オーバーライドするメソッドの全ての処理を独自に実装するのではなく、できる限りスーパークラスのメソッドを再利用できないか？　と考えることが重要です。再利用することによって、同じ目的の処理をプログラムで表現する場所をなるべくスーパークラスに集約させ、表現方法の修正や変更が効率よく行えるようになります。プログラムの規模が大きくなるほど、コードの一元管理（共通化や再利用）が重要になってきます。

　次に、②の処理を考えましょう。②のポイントは、役に加わっていないカードを特定することです。Pairクラスにはそのようなメソッドを実装していませんので、相手クラスが自力で特定しなければなりません。どのように判定すれば特定できるでしょうか？

　一見すると難しそうな問題ですが、プログラムの処理手順（アルゴリズム）は必ず何らかの規則性があります。規則性を発見するためには、具体例をいくつか書き出してみることが有効です。

　たとえば手札が「5,6,2,9,2」の場合は2のワンペアなので、「5,6,9」の3枚が交換の対象になります。「3,8,3,5,3」の場合は3のスリーカードなので、「5,8」の2枚が交換の対象になります。

交換するカード

2以外のカードを選ぶ

絵を見ると
わかるけど…

3以外のカードを選ぶ

絵を見るとすぐにわかると思いますが、それは頭の中で何らかの規則性にあてはめてカードを1枚ずつチェックしているからです。

どのように考えてチェックしているのかを分析してみましょう。手札が「5,6,2,9,2」の場合を例にすると、前から1枚ずつ順番に「このカードはペアがいるかどうか？」を探すと思います。1枚目の「5」はペアがいないので交換の対象、2枚目の「6」もペアがいないので交換の対象、3枚目の「2」はペアがいるので交換しない、4枚目の「9」はペアがいないので交換の対象、5枚目の「2」はペアがいるので交換しない、といった具合です。つまり、図のようなフローチャートを頭の中で実行していることになります。このフローチャートこそが、規則性を表したものです。

頭の中のプログラム

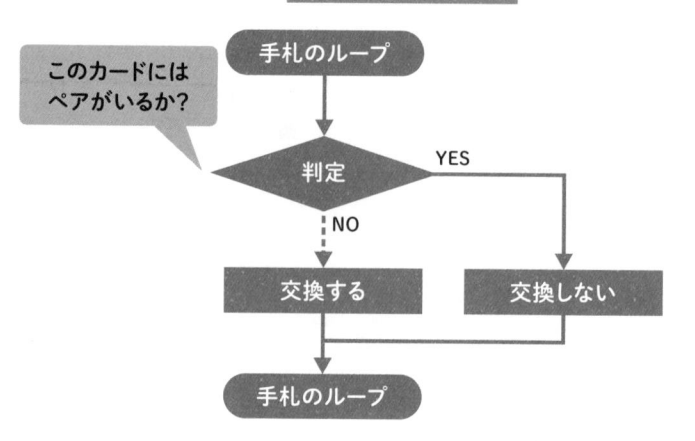

ペアがいるかどうかを
探しているんだね

　では、このフローチャートをJavaScriptで実装してみましょう。
手札（カードの配列）は相手クラスのcardsプロパティなので、this.
cardsです。この配列の要素をforEachメソッド（114ページ）で繰り
返します。

```
this.cards.forEach((card, index) => {
}
```

　ペアがいるかどうかは、「ループ内のcardと同じランク（数字）の
カードがcardsの中に存在しているかどうか」と言い換えることがで
きます。このように、配列の中から特定の条件に該当する要素が存
在するかどうかを調べたい場面では、filterメソッド（117ページ）が
利用できます。

```
this.cards.forEach((card, index) => {
  const sameRankCards = this.cards.filter((e) => {条件});
}
```

　{条件}には「カードeのランクがcardのランクと同じ」という意
味のコードが入ります。すると、index番目のカードと同じランクの
カードが集まった新しい配列が返ってきます。この配列には、いま
調べているindex番目のカード自身も含まれるので、配列の長さは必
ず1以上です。もし長さが2以上だったら、そのカードにはペアが存
在していることになります。ということは、長さが1だったらペアが
存在しないということです。

```
this.cards.forEach((card, index) => {
  const sameRankCards = this.cards.filter((e) => {条件});
  if (sameRankCards.length === 1) {
    // index番目のカードにはペアが存在しない！
  }
}
```

　手札のループ内で、if文の条件を満たすカードはペアが存在しな
いカードなので、「このカードは交換する」と判断します。交換する
カードが特定できたら、スーパークラスのselectCardメソッドを呼
び出して選択状態にします。

```
this.cards.forEach((card, index) => {
  const sameRankCards = this.cards.filter((e) => {条件});
  if (sameRankCards.length === 1) {
    // index番目のカードはペアを持たないので選択する
    super.selectCard(this.nodes[index]);
  }
}
```

　selectCardメソッドの引数はカードではなくノードですが、手札
の順番とノードの順番は同じなので、this.nodes[index]になります。

　ここまでの考察を踏まえると、相手クラスの最終的なコードは次
のようになります。

com.js

```javascript
import Player from "./player.js";
import Pair from "./pair.js";
/**
 * Com クラス
 */
export default class Com extends Player {
  /**
   * コンストラクタ
   */
  constructor(selector) {
    super(selector);
  }

  /**
   * 交換するカードを選択する
   */
  selectCard() {
    // 交換する前に成立している役の強さを調べる
    const strength = Pair.judge(this.cards).strength;
    // 役が成立していない場合
    if (strength === 0) {
      // 手札を全て選択する
      this.nodes.forEach((node) => super.selectCard(node));
    }
    // ワンペア / ツーペア / スリーカードが成立している場合
    else if (1 <= strength && strength <= 3) {
      // 手札のループ
```

```
  this.cards.forEach((card, index) => {
    // index番目と同じランクのカードの枚数を調べる
    const sameRankCards =
      this.cards.filter((e) => e.rank === card.rank);
    // index番目と同じランクが1枚しかない場合
    if (sameRankCards.length === 1) {
      // index番目のカードはペアを持たないので選択する
      super.selectCard(this.nodes[index]);
    }
  });
  }
};
}
```

selectCardメソッド内でPairクラスのメソッドを使うので、pair.jsのインポートを追加することを忘れないようにしましょう。

これで相手（Com）は、最初からワンペア／ツーペア／スリーカードが成立していてもさらに強い役を目指してカードを交換することになります。

\Column/

ゲームの難易度を高くするには？

selectCardメソッドを改良すれば、ゲームをもっと難しくできます。たとえば、役は成立していないけれども5枚のうち4枚のスート（絵柄）が同じだったら、スートが異なる1枚だけを交換して、高ランクのフラッシュ（25％程度の確率）を狙うようにしても面白いでしょう。

相手の思考ルーチンを改良する

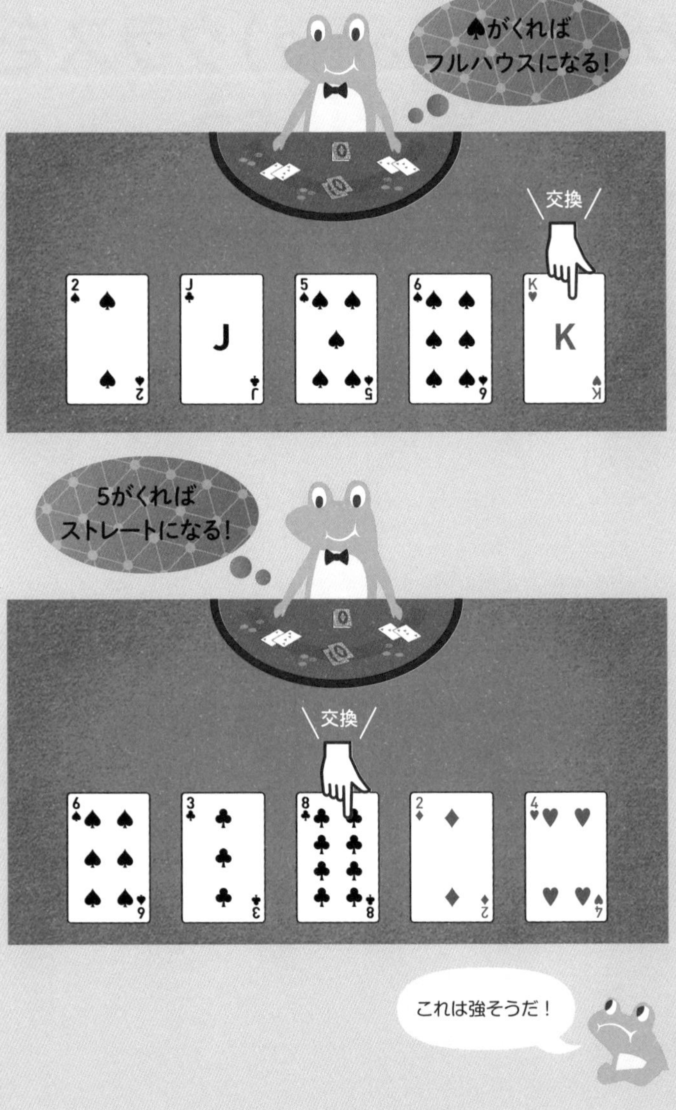

♠がくれば
フルハウスになる！

交換

| 2 ♠ | J ♣ | 5 ♠ | 6 ♠ | K ♥ |

5がくれば
ストレートになる！

交換

| 6 ♠ | 3 ♣ | 8 ♣ | 2 ♦ | 4 ♥ |

これは強そうだ！

ポーカーを作り終えて余力があればぜひ挑戦してみてください。

ゲーム（Game）クラスを実装しよう

 Gameクラスの作成

ポーカーのメインプログラム（main.js）に、Gameクラスを追加しましょう。まずは、コンストラクタとrunメソッドを記述します。

main.js

```
/**
 * Game クラス
 */
export default class Game {
  /**
   * コンストラクタ
   */
  constructor() {
  }

  /**
   * ゲームを実行する
   */
  run() {};
}
```

起動モジュールの作成

runメソッドを呼び出す制御用モジュール（app.js）を作成しましょう。コードはChapter05のドラゴン討伐ゲーム（152ページ）と全く同じです。

app.js

```
import Game from "./main.js";

// ゲームのインスタンスを生成する
const game = new Game();

// ゲームを実行する
game.run();
```

これでindex.htmlを開くとrunメソッドが呼び出されてGameクラスに制御が移るようになりました。app.jsの役目はこれだけです。

イベントハンドラの作成

ゲームはイベントをきっかけに進行するので、Gameクラスに追加するイベントハンドラを決めましょう。ポーカーの進行（181ページ）に必要なイベントは次の3つです。

・プレイヤーが交換する手札を選択したとき（click）
・プレイヤーがDrawボタンを押したとき（click）
・プレイヤーがReplayボタンを押したとき（click）

これらに対応するイベントハンドラの名前を次のように決めます。

イベントハンドラと処理の概要

イベントハンドラ	処理の概要
onClickCard	プレイヤーに交換する手札を選択させる
onDraw	プレイヤーと相手が順番に、自分が選択している手札を山札と交換する（相手は自動で手札を選択する）
onReplay	アプリケーションを初期化し、ページが読み込まれたときと同じ状態に戻す

　相手（Com）は自分でイベントを発生させることができないので、プレイヤーが手札を交換したあとに続けて選択と交換を行います。

● イベントハンドラの登録

　イベントハンドラをGameクラスのメソッドとして宣言しましょう。

main.js

```
/**
 * Game クラス
 */
export default class Game {
  /**
   * コンストラクタ
   */
  constructor() {
  }

  /**
   * ゲームを実行する
   */
  run() {};
```

```
/**
 * 手札のクリックイベントハンドラ
 */
#onClickCard(event) {};

/**
 * Draw ボタンのクリックイベントハンドラ
 */
#onDraw(event) {};

/**
 * Replay ボタンのクリックイベントハンドラ
 */
#onReplay(event) {};
}
```

　イベントハンドラにはブラウザからイベントオブジェクトが渡されるので、ここでは event という変数名で受け取ることにします。

　ゲームの進行に関わるプロパティやメソッド（イベントハンドラも含む）は、ゲーム内でしか使用しないので、#をつけて private スコープにしましょう（63ページ）。

　次に、イベントハンドラを登録する処理をコンストラクタに追加しましょう。登録には Utils.addEventListener を使うので、util.js をインポートします。

main.js

```javascript
import Util from "./util.js";
/**
 * Game クラス
 */
export default class Game {
    /**
     * コンストラクタ
     */
    constructor() {
        // 手札のクリックイベント
        Util.addEventListener(".card.you", "click",
                            this.#onClickCard.bind(this));
        // Draw ボタンのクリックイベント
        Util.addEventListener("#draw", "click",
                            this.#onDraw.bind(this));
        // Replay ボタンのクリックイベント
        Util.addEventListener("#replay", "click",
                            this.#onReplay.bind(this));
    }
    ・・・中略・・・
}
```

　このままでもよいのですが、コンストラクタではGameクラスのプロパティ（後から追加します）の初期化も行います。プロパティの初期化とイベントハンドラの登録は目的が異なるので、イベントハンドラの登録はメソッド化してコンストラクタから切り離しましょう。

main.js

```js
import Util from "./util.js";
/**
 * Game クラス
 */
export default class Game {
  /**
   * コンストラクタ
   */
  constructor() {
    // イベントハンドラを登録する
    this.#setupEvents();
  }


    ・・・中略・・・


  /**
   * イベントハンドラを登録する
   */
  #setupEvents() {
    // 手札のクリックイベント
    Util.addEventListener(".card.you", "click",
                          this.#onClickCard.bind(this));
    // Draw ボタンのクリックイベント
    Util.addEventListener("#draw", "click",
                          this.#onDraw.bind(this));
    // Replay ボタンのクリックイベント
    Util.addEventListener("#replay", "click",
```

```
                              this.#onReplay.bind(this));
  };
}
```

● イベントハンドラの動作確認

動作確認のため、onDrawメソッドにconsole.log("draw!")、onClick
Cardメソッドにconsole.log("click!")を追加して、Drawボタンとプレイ
ヤー側の手札をクリックしてみましょう。

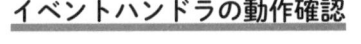

イベントハンドラの動作確認

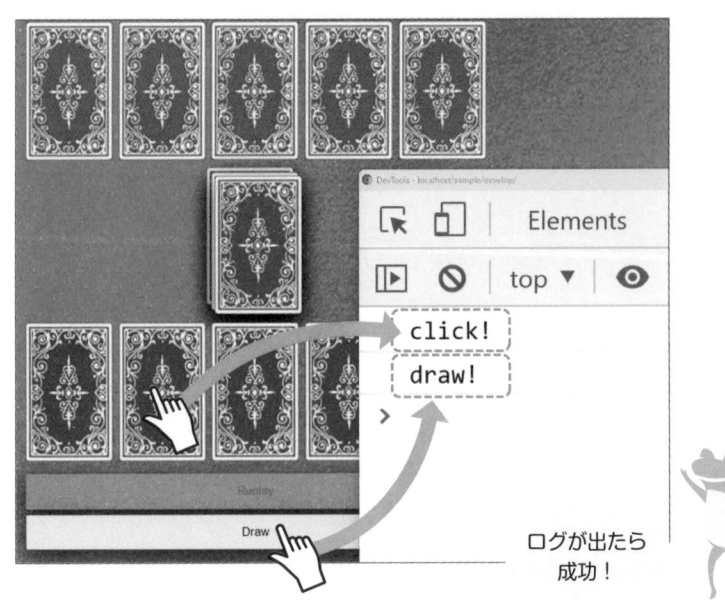

デベロッパーツールのコンソールにログが出力されたら成功です。

コンソールに何も出力されない（何の反応もない）場合は、次のよ
うな原因が考えられます。

・index.htmlにapp.jsが読み込まれていない
・ボタンや手札のセレクタ名（id,class）が間違っている
・app.jsでgame.run()を実行していない
・Gameクラスのコンストラクタでsetup Events()を実行していない

　コンソールにエラーが出ても驚く必要はありません。エラーメッセージは何が間違っているのかを端的に表現しているので、慣れない単語があっても翻訳サイトなどを利用して日本語に直し、大意をつかみましょう。

＜エラーメッセージの例＞

Uncaught ReferenceError: Util is not defined

意味：Utilは定義されていません
原因：Utilの定義が記述されているutil.jsが正しくインポートされていない
対処：main.jsにutil.jsのインポート文を正しく記述する

Uncaught TypeError: this.setupEvents is not a function

意味：this.setupEventsは関数ではありません
原因：this.#setupEventsと記述すべきなのに#が抜けているために、setupEventsという存在しない関数を参照しようとしている
対処：this.setupEventsをthis.#setupEventsに書き直す

　ReferenceErrorは参照ミス、TypeErrorはタイプミスを表しています。エラーの具体的な内容は「:」の右側に表示されるので、落ち着いて原因を突き止めて対処しましょう。

09

メインプログラムの変数を
宣言しよう

必要な変数は?

　ゲームの実行中に保持しておく情報をメインプログラム内の変数として宣言しましょう。どのような変数が必要でしょうか?

　「プレイヤー」「相手(Com)」「山札」の3つは目に見える情報なのですぐに思いつくでしょう。

　もうひとつ、目には見えない情報があります。それは、ゲームが実行中か終了しているかを表すフラグです。このフラグは、ゲームが起動したら「実行中」に切り替え、プレイヤーがカードの交換を終えたら「終了」に切り替えます。フラグの値に応じてイベントやボタンの制御を行います。

● フラグが「実行中」のとき

　ゲームが実行中なので手札は選択できますが、勝敗が決まるまでReplayボタンは押せません。

● フラグが「終了」のとき

　Replayボタンでゲームを再度開始できますが、ゲームが終了しているので手札の選択や交換はできません。

ゲームの実行状態フラグの用途

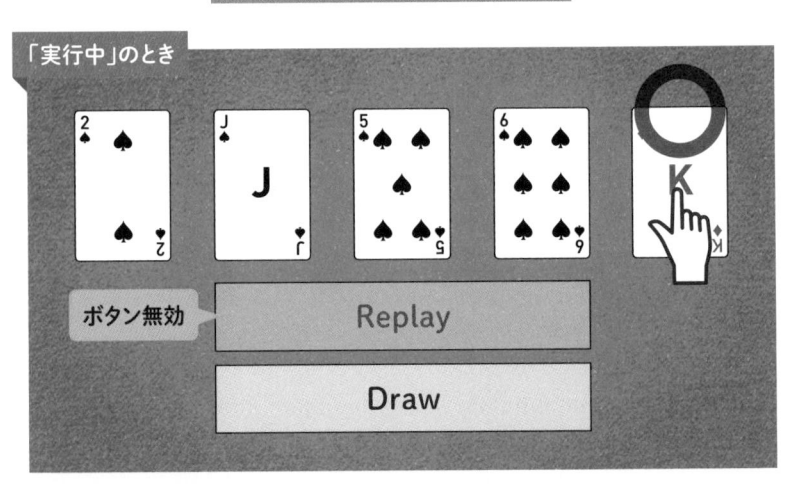

「実行中」のとき

ボタン無効 Replay

Draw

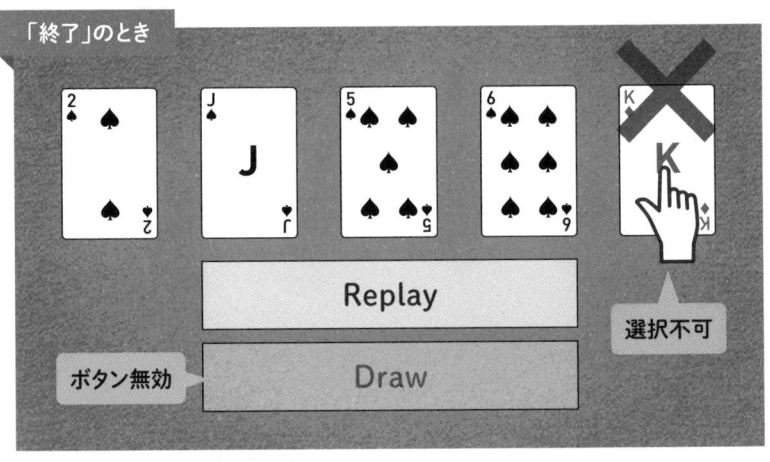

「終了」のとき

Replay

ボタン無効 Draw

選択不可

イベントやボタンの制御
に使うんだね

変数とアクセサの追加

　では、メインプログラムの変数をGameクラスのプロパティに追加しましょう。これらはゲーム内でしか使わないデータなので、プロパティはprivateスコープに宣言し、アクセサは実装しません。

main.js

```
import Player from "./player.js";
import Com from "./com.js";
import Card from "./card.js";
import Util from "./util.js";
/**
 * Game クラス
 */
export default class Game {
  /**
   * プロパティ
   */
  #you; // あなた (You)
  #com; // コンピューター (Com)
  #cards; // 山札のカード
  #isRunning; // ゲーム実行状態 (true: 実行中, false: 終了)

  /**
   * コンストラクタ
   */
  constructor() {
    // プロパティを初期化する
    this.#you = null;
```

```
  this.#com = null;
  this.#cards = [];
  this.#isRunning = false;
  // イベントハンドラを登録する
  this.#setupEvents();
}

  ・・・中略・・・
/**
 * イベントハンドラを登録する
 */
#setupEvents() {
  // 手札のクリックイベント
  Util.addEventListener(".card.you", "click",
                        this.#onClickCard.bind(this));
  // Draw ボタンのクリックイベント
  Util.addEventListener("#draw", "click",
                        this.#onDraw.bind(this));
  // Replay ボタンのクリックイベント
  Util.addEventListener("#replay", "click",
                        this.#onReplay.bind(this));
};
}
```

　コンストラクタには初期化のコードを追加して、Game クラスが生
成されたときプロパティが初期化されるようにしましょう。

アロー関数はsuperと紐づかない

　Pairクラスと Util クラスのメソッドはアロー関数を使って定義しましたが、Gameクラス、Playerクラス、Comクラスのメソッドはアロー関数ではなく普通の関数として定義しました。これには次の理由があります。

　アロー関数で定義したクラスのメソッドは、そのクラスを継承したサブクラスから super キーワードを使って呼び出すことができません。

```
class A {
  fnc1 = () => {
    console.log("A");
  };
}
class B extends A {
  fnc2 = () => {
    super.fnc1();
  };
}
const a = new A();
const b = new B();
b.fnc1(); // A
b.fnc2(); // エラー！
```

　クラスBのfnc2メソッドを実行すると、(intermediate value).func1 is not a functionというエラーが出ます。つまり、fnc2を呼び出すことによってfnc1を実行しようとしても、fnc1は関数として認識されないのです。superで呼び出したいスーパークラスのメソッドを普通の関数として定義すればエラーは発生しません。

```
class A {
  fnc1() {
    console.log("A");
  };
}
class B extends A {
  fnc2 = () => {
    super.fnc1();
  };
}
const a = new A();
const b = new B();
b.fnc1(); // A
b.fnc2(); // A
```

　Gameクラス、Playerクラス、Comクラスはゲームを改造していく場合に
継承する可能性が考えられるので、メソッドをすべて普通の関数として定義
しました。

手札を配る処理を実装しよう

ゲーム起動時の処理

　ゲーム起動時に、プレイヤーと相手（Com）に手札を5枚ずつ配る処理を実装しましょう。タイミングはrunメソッドが呼び出されたときです。

　ただし、この処理はゲーム起動時だけでなく、Replayボタンを押してゲームをもう一回プレイするときにも実行しなければなりません。手札を配りなおすためです。そのため、runメソッドに直接記述するのではなく、privateスコープのメソッドにして再利用できるようにします。

```
/**
 * ゲームを実行する
 */
run() {
  // ゲームの状態を初期化する
  this.#initialize();
};

/**
 * ゲームの状態を初期化する
 */
```

```
#initialize() {};
```

 ## 初期化処理の内容

initializeメソッドで実行する処理の手順を考えましょう。結果と
しては、プレイヤーと相手（Com）にランダムなカードが5枚ずつ配
られ、プレイヤー側の手札が表向きに表示されればよいのですが、
そのためには次の手順を踏まなければなりません。

```
#initialize() {
  // ①プレイヤーを生成する
  // ②山札のカードを生成する
  // ③山札のカードをシャッフルする
  // ④山札のカードを5枚ずつプレイヤーに配る
  // ⑤ゲーム実行状態を更新
  // ⑥画面の描画を更新する
};
```

●①プレイヤーを生成する

プレイヤーと相手（Com）は手札のノードを指すセレクタをコンス
トラクタで受け取るので、次のように生成します。

```
this.#you = new Player(".card.you");
this.#com = new Com(".card.com");
```

●②山札のカードを生成する

山札は52枚のカードを配列にすればよいのですが、Replayボタン
からinitializeメソッドが呼び出されたときはすでに要素が入ってい
るので、まずは空の配列を代入して初期化します。

```
this.#cards = [];
```

　ここに、カードを1枚ずつ生成してpushメソッドで追加していきます。繰り返す回数は決まっているので、素直にfor文で回してもよいのですが、スプレッド演算子で空の配列を生成してmapメソッドで要素の個数だけ繰り返すテクニック（125ページ）を使ってみましょう。

```
[...Array(52)].map((_, index) => {
  // インデックス番号を持つカードを生成して山札に追加する
  this.#cards.push(new Card(index + 1));
});
```

③山札のカードをシャッフルする

　次に山札をシャッフルします。initializeメソッド以外のタイミングでシャッフルを行うことはありませんが、シャッフルという独立した操作ととらえることができるので、privateメソッドにして呼び出すことにしましょう。

```
/**
 * 山札のカードをシャッフルする
 */
#shuffleCard() {
  // 100回繰り返す
  [...Array(100)].forEach(() => {
    // 山札から2枚のカードをランダムに選んで交換する
    const j = Math.floor(Math.random() * this.#cards.length);
    const k = Math.floor(Math.random() * this.#cards.length);
```

```
  [this.#cards[j], this.#cards[k]] = [this.#cards[k], this.#cards[j]];
 });
};
```

　選んだ2枚を交換するために分割代入（123ページ）を利用してい
ます。分割代入を使うと退避用の変数を用意する必要がないので、
コードがすっきりします。

　十分にカードが混ざるように100回交換を行うことにしました。
今度はmapメソッドではなくforEachメソッドを使いましたが、ど
ちらでも同じことができます。

●④山札のカードを5枚ずつプレイヤーに配る

　シャッフルし終えた山札の一番上（配列要素の一番後ろ）からカー
ドを取り出し、プレイヤーと相手（Com）に5枚ずつ配りましょう。
配るのはメインプログラムの役目ですが、配られたカードを手札に
追加するのはプレイヤークラスおよび相手クラスのaddCardメソッ
ドの役目です。

　この処理もinitializeメソッド以外のタイミングで実行することは
ありませんが、山札を配るという独立した操作ととらえることがで
きるので、privateメソッドにして呼び出すことにしましょう。

```
/**
 * 山札のカードをプレイヤーに配る
 */
#dealCard(player, n) {
 // n回繰り返す
 [...Array(n)].map(() => {
  // 山札からカードを1枚取り出してプレイヤーに配る
```

```
    player.addCard(this.#cards.pop());
  });
};
```

　プレイヤーと相手（Com）の両方に対してdealCardメソッドが使えるように、引数でプレイヤーのオブジェクトと配る枚数を指定できるようにしました。ここでも繰り返しにmapメソッドを利用していますが、forEachメソッドでも構いません。重要なのは、メインプログラムが山札の一番上からカードを取り出して、プレイヤークラスのaddCardメソッドに渡している点です。「誰から誰に何を渡せば目的の操作ができたことになるのか？」を念頭に置いてプログラムの手順を考えていきましょう。

役割分担

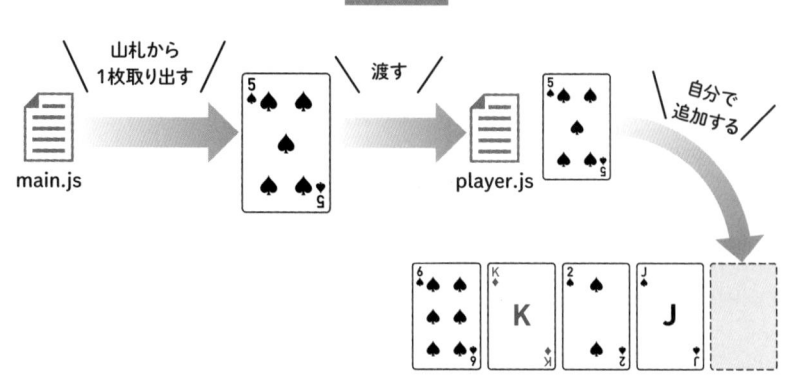

カードオブジェクト
を渡すよ

⑤ゲーム実行状態を更新

ここまでの手順で、プレイヤーやカードの状態は初期化できたので、フラグを更新しましょう。

```
this.#isRunning = true;
```

⑥画面の描画を更新する

フラグの値が変わると、値に応じてReplayボタンとDrawボタンの状態を切り替える必要があります。また、配られたカードが見えるように、プレイヤー側の手札を表向きにする必要があります。これらは画面の描画を更新するメソッドとして処理をまとめましょう。

```
/**
 * 画面の描画を更新する
 */
#updateView() {
  // プレイヤーのカードを描画する
  this.#you.displayCard(true);
  // 相手のカードを描画する
  this.#com.displayCard(!this.#isRunning);
  // ボタンを描画する
  if (this.#isRunning) {
    document.querySelector("#replay")
                        .setAttribute("disabled", true);
    document.querySelector("#draw")
                        .removeAttribute("disabled");
  } else {
```

```
    document.querySelector("#replay")
                         .removeAttribute("disabled");
    document.querySelector("#draw")
                         .setAttribute("disabled", true);
  }
};
```

　手札を描画する処理はプレイヤークラスと相手クラスの
displayCardメソッド（249ページ）に任せます。プレイヤーの手札は
常に表向きで描画するのでtrueを渡しますが、相手（Com）の手札は
プレイヤーがカードの交換を終えてゲーム実行状態のフラグがfalse
に変わるまでは裏向きで描画しなければなりません。つまり、相手
（Com）の手札はフラグがtrueのときはdisplayCard(false)、フラグ
がfalseのときはdisplayCard(true)を呼び出して描画することにな
ります。よって、displayCard(!this.#isRunning)となります。
　ボタンはフラグの値に応じてdisabled属性を脱着する必要がある
ので、素直にif文で分岐します。

　3つのメソッドshuffleCard、dealCard、updateViewを追加できた
ら、initializeメソッドに組み込みましょう。

```
/**
 * ゲームの状態を初期化する
 */
#initialize() {
  // プレイヤーを生成する
  this.#you = new Player(".card.you");
  this.#com = new Com(".card.com");
```

```
// 山札のカードを生成する
this.#cards = [];
[...Array(52)].map((_, index) => {
  // インデックス番号を持つカードを生成して山札に追加する
  this.#cards.push(new Card(index + 1));
});

// 山札のカードをシャッフルする
this.#shuffleCard();

// 山札のカードを5枚ずつプレイヤーに配る
this.#dealCard(this.#you, 5);
this.#dealCard(this.#com, 5);

// ゲーム実行状態を更新
this.#isRunning = true;

// 画面の描画を更新する
this.#updateView();
};
```

　ここまで実装できたら、ローカルサーバーを起動してhttp://localhost/sample/develop/を開いてみましょう。プレイヤー側の手札にランダムな5枚が表向きに描画されれば成功です。ページをリロードすればそのたびにrun→initializeが呼ばれて手札が変わります。

カードを選択する処理を実装しよう

手札のクリックイベント

初期化が終わったらゲームはプレイヤーの行動待ちになります。次に実装するのは、プレイヤーが交換したい手札を選択したときのイベントハンドラである onClickCard メソッドです。

```
/**
 * 手札のクリックイベントハンドラ
 */
#onClickCard(event) {};
```

ここで行うことは、プレイヤークラスの selectCard メソッド（252ページ）を呼び出すことです。selectCard メソッドは、クリックされたノードを引数で受け取るので、イベントハンドラに渡されるイベントオブジェクト event から対象のノード（target プロパティ）を取り出して渡します。

```
// プレイヤーにカードを選択させる
this.#you.selectCard(event.target);
```

　ただし、プレイヤーがDrawボタンを押して勝敗が決まるまでの
間は手札を再選択できないように制御しなければなりません。いつ
でも手札を再選択できてしまうと、手札を交換している最中にプレ
イヤー側の手札が変わってしまったり、勝敗が決まった後でも手札
を選択できてしまうからです。実際にポーカーをするとき、手札を
交換したあとに手札に触れるのはルール違反です。プログラムでも、
ルール違反ができないように制御することを考えましょう。

● ゲームの実行状態に応じて選択の可否を制御

　手札の選択を許可するかどうかは、ゲーム実行状態フラグの値で
決まります。フラグがtrue（実行中）のときは選択を許可し、false
（終了）のときは許可しないように条件分岐を追加しましょう。

```
/**
 * 手札のクリックイベントハンドラ
 */
#onClickCard(event) {
  // ゲーム実行中のみクリックを受け付ける
  if (this.#isRunning) {
    // プレイヤーにカードを選択させる
    this.#you.selectCard(event.target);
  }
};
```

　ここまで実装できたら、手札をクリックしてみましょう。選択状
態のCSSが効いてカードが手前にスライドすれば成功です。

カードを交換する処理を実装しよう

Drawボタンのクリックイベント

プレイヤーは手札を選択したらDrawボタンを押して山札と交換します。次に実装するのは、Drawボタンを押したときのイベントハンドラであるonDrawメソッドです。

```
/**
 * Drawボタンのクリックイベントハンドラ
 */
#onDraw(event) {};
```

ここではたくさんのことを行います。プレイヤーが手札の交換を終えたら、続けて相手 (Com) もカードを交換し、さらに続けて勝敗の判定を行い、結果を表示するところまで連続で行います。

ただし、本当に連続で行うと相手 (Com) がどの手札を交換したのかさえわからないうちに勝敗が決まってしまうので、処理の途中で何度かスリープ (待ち) を実行して、臨場感を演出します。スリープはUtilクラスのsleepメソッドを利用します。

　Utilクラスが使えるように、main.jsにインポート文を追加しましょう。

```
import Pair from "./pair.js";
```

　では、onDrawメソッドで実行する処理の手順を考えましょう。

```
#onDraw(event) {
  // ①プレイヤーがカードを交換する
  // ②画面の描画を更新する
  // ③ゲーム実行状態を更新
  // ④1秒待つ
  // ⑤相手が交換するカードを選ぶ
  // ⑥1秒待つ
  // ⑦相手がカードを交換する
  // ⑧画面の描画を更新する
  // ⑨1秒待つ
  // ⑩勝敗を判定する
};
```

●①プレイヤーがカードを交換する

　最初に行うのは、プレイヤーが選択している手札を山札と交換することです。ここでの「交換」という表現は、カードのデータを更新することを意味します。更新後のカードを画面の表示に反映する処理は含みません。そのため、交換と描画は手順をひとまとめにせず①と②に分けます。相手（Com）の手順も⑦と⑧に分けます。

交換処理は、254ページで考察したように、プレイヤーが選択している手札の枚数だけ繰り返すループを構成し、その回数だけ次の手順を行います。

- 山札の一番上から1枚取り出す
- 取り出した1枚をプレイヤークラスのdrawCardメソッドに渡す
- drawCardメソッドが返すカードを山札の一番下に戻す

　具体的なコードは次のようになります。

```
this.#you.selectedNodes.forEach(() => {
  this.#cards.unshift(this.#you.drawCard(this.#cards.pop()));
});
```

●②画面の描画を更新する
　291ページで作成した描画更新メソッドを実行しましょう。

```
this.#updateView();
```

●③ゲーム実行状態を更新
　プレイヤーの手札交換が終わったので、Replayボタンを押すまで手札を再選択できなくするために、ゲーム実行状態フラグをfalse（終了）に切り替えましょう。

```
this.#isRunning = false;
```

　このタイミングでフラグを切り替えておかないと、相手（Com）がカードを交換している間にプレイヤーの手札を選択できてしまいます。

④1秒待つ

　続けて相手（Com）の行動に移りますが、まだプレイヤーの手札を
交換したばかりなので、ここで1秒だけスリープ処理を行い、相手
（Com）が考えている時間を演出しましょう。

```
await Util.sleep(); // デフォルトは1秒
```

　sleepメソッドは非同期処理なので、同期処理のように動作させる
（メソッドが終了してから次のコードを実行させる）ためにはawait
キーワードをつけるのでした（166ページ）。

　ただし、awaitはasyncキーワードをつけたメソッド内で有効には
たらくので、onDrawイベントハンドラにasyncをつけましょう。

```
async #onDraw(event) {
  ・・・中略・・・
};
```

⑤相手が交換するカードを選ぶ

　プレイヤーと同じく、相手（Com）もカードを選んでから交換しま
す。ComクラスでオーバーライドしたselectCardメソッドを呼び出
しましょう。

```
this.#com.selectCard();
```

selectCardメソッドを実行すると、選択されたカードが相手側に
スライドするCSSアニメーションが発生します。

相手（Com）がカードを選択したとき

 選択

⑥1秒待つ

⑤のアニメーションが終わるまでは次の処理を実行しないで待た
ないといけません。そこで、もう一度スリープ処理を行いましょう。
アニメーションは0.3秒で終わるようにCSSを作成しているので、1
秒待てば十分でしょう。

```
await Util.sleep(); // デフォルトは1秒
```

⑦相手がカードを交換する

①と同様に、相手（Com）のカードを交換しましょう。

```
this.#com.selectedNodes.forEach(() => {
  this.#cards.unshift(this.#com.drawCard(this.#cards.pop()));
});
```

⑧画面の描画を更新する

この時点ではまだ相手（Com）の手札は裏を向いていますが、カー
ドのデータは更新されています。更新後のカードを表に向けるため
に、②と同じ描画更新メソッド（291ページ）を実行しましょう。

```
this.#updateView();
```

　手順の③でゲーム実行状態フラグがfalse（終了）に切り替わっているので、updateViewメソッドを実行すると相手（Com）の手札は表を向き、元の場所へスライドします。

相手（Com）の手札が表になる

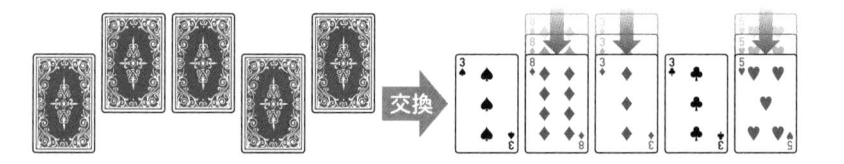

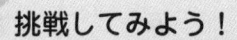

\Column/

挑戦してみよう！

　最後まで完成したら、相手が考えている間メッセージを表示するように改良してみましょう。

　ヒントは、手順④の前後でメッセージの表示と非表示を切り替えることです。「③→メッセージを表示→④→メッセージを非表示→⑤」

⑨1秒待つ

描画が終わったら次に行う処理は勝敗の判定ですが、⑧のアニメーションが終わるまで待たないと、相手（Com）のカードは裏向きのまま元の場所に戻ることなく勝敗が表示されてしまいます。やはりここでもスリープ処理を行って、アニメーションが終わるまで待ちましょう。

```
await Util.sleep(); // デフォルトは1秒
```

スリープが終わると相手（Com）の手札が明かされます。

スリープ後の状態

もしかして負けた!?

⑩勝敗を判定する

両者の手札が明らかになったところで勝敗の判定に移りましょう。画面の描画更新（手順の②⑧）と同様に、勝敗の判定は独立した操作ととらえることができるので、private スコープのメソッドにしましょう。

```
/**
 * 勝敗を判定する
 */
#judgement() {
 // 役の成否判定を行う
 const youResult = Pair.judge(this.#you.cards);
 const comResult = Pair.judge(this.#com.cards);
 // 勝敗のメッセージ
 let message = `(YOU)${youResult.hand}vs(COM)${comResult.hand}\n`;
 // 勝者の判定
 if (youResult.strength < comResult.strength) {
  // 相手（Com）の勝ち
  message += `あなたの負けです`;
 } else if (youResult.strength > comResult.strength) {
  // プレイヤーの勝ち
  message += `あなたの勝ちです`;
 } else {
  // 役が同じなのでランクで比較する
  if (youResult.rank < comResult.rank) {
   // 相手（Com）の勝ち
   message += `あなたの負けです`;
```

```
  } else if (youResult.rank > comResult.rank) {
    // プレイヤーの勝ち
    message += `あなたの勝ちです`;
  } else {
    // 引き分け
    message += `引き分けです`;
  }
}
// メッセージを表示する
alert(message);
}
```

　まず役の強さを比較して、同じ役だったら次はランクを比較します。ランクも同じだったら引き分けです。

　勝敗のメッセージをシングルクォーテーションやダブルクォーテーションではなくバッククォート「`」で囲っている点に注意してください。バッククォートで囲った文字列をテンプレートリテラルと呼び、${…}の中に入れた変数や式をその場で展開することができます。

```
const price = 100 * 1.1;
console.log(`税込 ${price} 円`); // => 税込110円
```

　シングルクォーテーションやダブルクォーテーションと違って、テンプレートリテラル内の文字列は途中で改行することもできます。改行を含む文章をまとめて記述する場合に便利です。

```
const message = `今日は
真夏日だ。`;
alert(message);
```

改行を含む文字列の出力

● onDraw メソッドの完成

これでonDrawメソッドの処理内容はすべて決まりました。最終的なコードは次のようになります。

```
/**
 * Drawボタンのクリックイベントハンドラ
 */
async #onDraw(event) {
  // プレイヤーがカードを交換する
  this.#you.selectedNodes.forEach(() => {
    this.#cards.unshift(
          this.#you.drawCard(this.#cards.pop()));
  });

  // 画面の描画を更新する
  this.#updateView();
```

```
// ゲーム実行状態を更新
this.#isRunning = false;

// 1秒待つ
await Util.sleep();

// 相手が交換するカードを選ぶ
this.#com.selectCard();

// 1秒待つ
await Util.sleep();

// 相手がカードを交換する
this.#com.selectedNodes.forEach(() => {
  this.#cards.unshift(
      this.#com.drawCard(this.#cards.pop()));
});

// 画面の描画を更新する
this.#updateView();

// 1秒待つ
await Util.sleep();

// 勝敗を判定する
this.#judgement();
}
```

ここまで記述できたらゲームをプレイしてみましょう。Replayボタンはまだ使えませんが、1回きりの勝負はできるようになりました。

Replayボタン以外は動くようになった

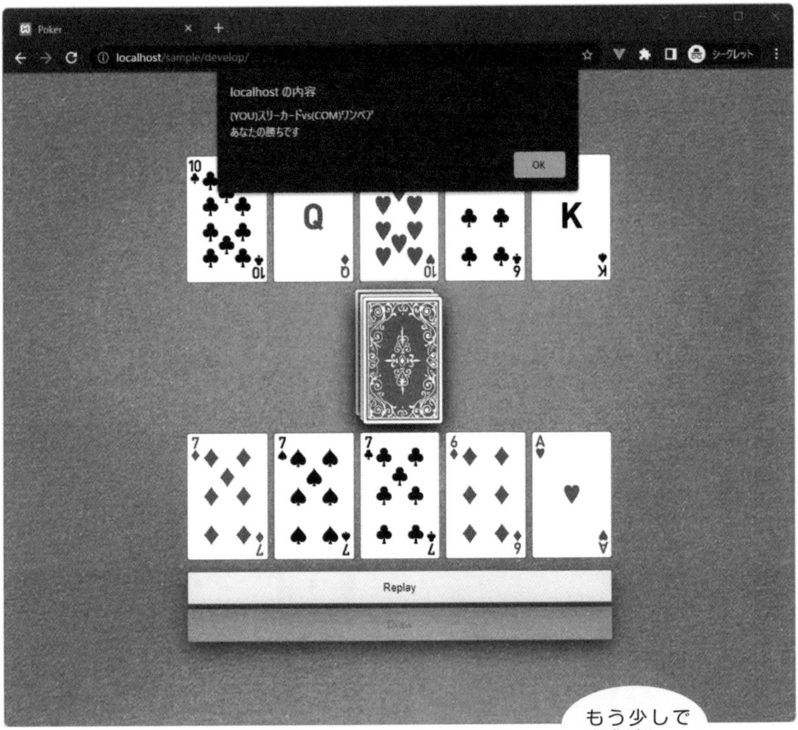

もう少しで
完成だ！

もう一度プレイする処理を実装しよう

Replayボタンのクリックイベント

　次に実装するのは、Replayボタンを押したときのイベントハンド
ラであるonReplayメソッドです。onReplayメソッドの役目はゲーム
を最初の状態に戻すことです。

ゲームを最初の状態に戻す

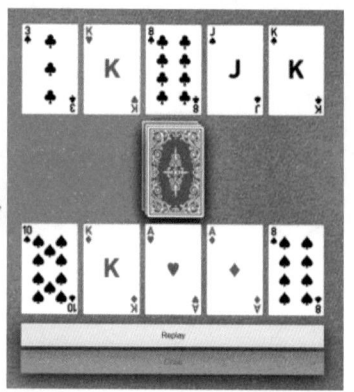

もう一回ゲームが
始まるよ

● ゲームを最初の状態に戻すには？

　ゲームを最初の状態に戻すには、手札をすべて回収して山札に戻し、山札をシャッフルし、あらためてプレイヤーと相手（Com）に5枚ずつ手札を配らなければなりません。

　たくさんの手順が必要に思えますが、結果的にはrunメソッドを実行した後と同じ状態になればよいということに注目しましょう。runメソッドはゲームの状態を初期化するinitializeメソッドを呼び出しているので、onReplayメソッドでも同様にinitializeメソッドを呼び出しましょう。

```
/**
 * Replayボタンのクリックイベントハンドラ
 */
#onReplay(event) {
  // ゲームの状態を初期化する
  this.#initialize();
}
```

　initializeメソッドの代わりにrunメソッドを呼び出しても動作は同じになりますが、runメソッドに処理を追加するとReplayボタンを押したときにもそれらの処理が実行されるので、意図しない動作になる可能性があります。実行しなければならない処理だけが実行されるように、メソッドの役割を考えて適切に使い分けることが大切です。

　これでポーカーのプログラムは完成です。Replayボタンを押して続けてゲームを実行してみましょう。

\Column/

インスタンスを生成する静的メソッド

クラスに自身のインスタンスを生成する静的メソッドを定義すると、new を使わずにインスタンスを得ることができます。

```
class Drink {
  constructor(props) {
    this.name = props.name;
    this.capacity = props.capacity;
  }
  static create = (props) => new Drink(props);
}
// 350ml入りのお茶を生成
const tea = Drink.create({ name: "お茶", capacity: 350 });
// 200ml入りのミルクを生成
const milk = Drink.create({ name: "牛乳", capacity: 200 });
```

インスタンスを生成する役割を、newという構文としてではなく、クラス自身の機能として持たせる形になります。このような考え方は、オブジェクトを生成するObject.create(…)メソッドやDOM要素を生成するdocument.createElement(…)メソッドと似ています。

おわりに

　いかがでしたか？　昔JavaScriptに触れた経験がある方にとっては新しい構文が多く、知識をアップデートする機会になったのではないでしょうか。本書を通じて、プログラムを機能や役割に応じたモジュールやオブジェクトに分けて組み合わせていくアプローチを学び取っていただけたなら筆者として嬉しく思います。

　JavaScriptはフロントエンド開発に留まらず、Node.jsを利用したバックエンド開発にも広く用いられている重要な言語です。多くのプロダクトに採用されているReact、Angular、Vue、Ember、Backbone、Expressなどのフレームワーク/ライブラリにおいても、使用する言語はJavaScriptやTypeScript（JavaScriptの上位互換のような言語）です。

　しかしながら、JavaScriptは文法上の制約が緩いため、堅牢なコーディングが重要視されるプロダクト開発では敬遠されることがあり、今後はTypeScriptに代表される代替JavaScript言語（AltJSと呼ばれる）への乗り換えが進むかもしれません。そのため、昔のJavaScriptではなく最新のJavaScriptに慣れておき、言語のスタンダードが変わってもスムーズに習得できるための基礎力を身に着けておくことが大切です。

　本書で得た知識と経験が、より実践的なプログラミング学習に進むきっかけになることを願っています。

中田　亨

2022年7月

索引

著者略歴

中田　亨（なかた　とおる）

　1976年兵庫県高砂市生まれ 神戸電子専門学校 / 大阪大学理学部卒業。ソフトウェア開発会社で約10年間、システムエンジニアとして Web システムを中心とした開発・運用保守に従事。独立後、マンツーマンでウェブサイト制作とプログラミングが学べるオンラインレッスン CODEMY（コーデミー）の運営を開始。IT 業界への転職を目指す初心者から現役 Web デザイナーまで、幅広く教えている。著書に「Vue.js のツボとコツがゼッタイにわかる本［第2版］」「図解！ アルゴリズムのツボとコツがゼッタイにわかる本」「図解！ JavaScript のツボとコツがゼッタイにわかる本 "超"入門編」「図解！ HTML&CSS のツボとコツがゼッタイにわかる本」（いずれも秀和システム）などがある。

レッスンサイト https://codemy-lesson.office-ing.net/

カバーイラスト　mammoth.

図解！
JavaScriptのツボとコツが
ゼッタイにわかる本
プログラミング実践編

発行日　2022年　8月22日　　　　　第1版第1刷

著　者　中田　亨

発行者　斉藤　和邦
発行所　株式会社　秀和システム
　　　　〒135-0016
　　　　東京都江東区東陽2-4-2　新宮ビル2F
　　　　Tel 03-6264-3105（販売）　Fax 03-6264-3094
印刷所　三松堂印刷株式会社

©2022 Tooru Nakata　　　　　　　　　　　Printed in Japan

ISBN978-4-7980-6724-7 C3055